CHEMIN DE FER DE L'ALGÉRIE

PAR LA LIGNE CENTRALE DU TELL,

AVEC RATTACHES A LA COTE.

IMPRIMRIE DE BÉAU, A SAINT-GERMAIN-EN-LAYE.

CHEMIN DE FER

DE L'ALGÉRIE

PAR LA LIGNE CENTRALE DU TELL,

AVEC RATTACHES A LA COTE.

ÉTUDIÉ ET PROPOSÉ

PAR

M. Paul **DELAVIGNE**, négociant à Alger ;
M. Oscar **MAC-CARTHY**, ingénieur civil, ibidem ;
M. Urbain **RANC**, propriétaire, ibid. ;
M. Joachim-Adolphe **SERPOLET**, ancien notaire, ibid. ;
et M. le docteur Auguste **WARNIER**, ancien membre de la Commission scientifique et du
Conseil supérieur d'administration de l'Algérie, ibid.

Avec une Carte de l'Algérie indiquant le tracé.

ALGER.

1854.

AVANT-PROPOS.

Les *Annales de la Colonisation Algérienne,* dans lesquelles ce mémoire a été publié pour la première fois (1), l'ont fait précéder des réflexions suivantes qui en offrent le résumé, et peuvent en être considérées comme l'*avant-propos.*

« Nous commençons aujourd'hui la publication du mémoire relatif au projet du *Chemin de fer central du Tell algérien,* auquel, plusieurs fois déjà, nous avons fait allusion.

» Nous n'avons pas besoin d'appeler l'intérêt des lecteurs des *Annales* sur ce grand et utile projet. Etudié par des hommes qui connaissent à fond l'Algérie, dont les uns habitent le pays depuis la conquête, dont les autres l'ont parcouru dans tous les sens, s'initiant, par des années entières passées sous la tente ou dans le gourbi, au langage, aux mœurs, aux sentiments intimes, aux dispositions particulières, à la force et à la richesse réelles des populations indigènes, il a droit à la plus sérieuse attention de tous ceux, et le nombre s'en augmente chaque jour, qui se préoccupent de l'Algérie, et pensent que le moment des grandes entreprises colonisatrices est arrivé.

----

(1) Livraisons d'août et de septembre 1854.

Le mémoire original, avec la demande en concession qui le précède et la carte qui l'accompagne, a été remis à M. le Ministre de la guerre le 29 juillet dernier.

Note de la Rédaction des Annales de la Colonisation Algérienne.

» Le projet du *Chemin de fer central du Tell algérien* se distingue de tous ceux qui l'ont précédé jusqu'à ce jour, par l'idée d'ensemble qui a présidé à sa conception. Ce ne sont plus de petits chemins de fer morcelés, ayant chacun leurs réglements spéciaux, exigeant chacun une coûteuse administration, et, par conséquent, créant sans nécessité pour l'Algérie cette situation onéreuse et compliquée à laquelle a donné lieu la construction des voies ferrées dans la Métropole : c'est un vaste système, parfaitement coordonné dans toutes ses parties, embrassant la totalité du territoire algérien, et répondant à tous les besoins du présent comme à tous les besoins de l'avenir, au moins pour une longue période de temps.

» Cette idée d'un chemin de fer partant d'Oran pour aller aboutir à Bône, en reliant à la ligne centrale, par autant d'embranchements distincts, tous les ports du littoral algérien, paraîtra peut-être prématurée à quelques esprits. Qu'ils veuillent bien toutefois prendre la peine d'étudier l'économie du projet, sans opinion préconçue, sans parti pris, et, nous en avons la conviction, ils ne tarderont pas à s'apercevoir qu'il est, dès à présent, réalisable ; d'autant plus qu'on ne propose pas de l'exécuter d'un seul jet et dans une seule campagne, mais en procédant pas à pas, et en commençant par les portions du pays où le mouvement des personnes et des choses permet déjà par son importance de payer à un prix élevé les intérêts du capital dépensé, pour, de là, s'étendre aux autres parties du territoire colonial.

» Qu'on ne perde pas de vue, d'ailleurs, qu'aux États-Unis, de tous les instruments de colonisation, le chemin de fer est le plus puissant, le plus énergique, le plus prompt, le plus sûr, et que les établissements particuliers et les centres de population, qui ne manquent jamais de se porter sur le parcours des nouvelles voies ferrées, suffisent seuls, par le mouvement extraordinaire qu'ils occasionnent, pour en assurer le succès matériel. A ce point de vue, on peut dire que le chemin de fer appelle la population, comme il appelle la multiplicité des transports.

» En Europe et en Amérique, en Europe surtout, où l'on a tout un réseau complet de chemins, de routes, de canaux, de fleuves et de rivières, on trouve avantage à construire des chemins de fer ; combien, à plus forte raison, cet avantage doit-il être déterminant dans un pays qui, sauf dans quelques localités restreintes, n'a ni chemins, ni routes, ni canaux, ni fleuves, ni rivières navigables, et où cependant, en raison du climat, la population a des habitudes et des besoins de déplacement qui ne le cèdent à ceux d'aucune autre population du globe.

» La création du *Chemin de fer central du Tell algérien* demande la garantie d'un minimum d'intérêt ; mais, indépendamment des considérations de haute utilité publique qui justifient cette mesure, quand on aura lu attentivement le mémoire qui suit, il ne sera pas difficile de se convaincre :

» 1° Que, le chemin de fer projeté offrant toutes les conditions désirables de vitalité propre, la garantie d'un minimum d'intérêt ne grèvera pas plus le Trésor que les garanties accordées jusqu'à ce jour aux chemins de fer français ;

» 2° Que, dût l'État, ce qui n'est autre chose qu'une supposition purement gratuite, payer à la compagnie exécutante cette garantie d'un minimum d'intérêt sur la totalité de son capital, le Trésor public, en raison des réductions nécessairement opérées dans les dépenses gouvernementales par l'exécution du chemin de fer, bénéficierait encore de plusieurs millions par année.

» Quand le *Chemin de fer central du Tell algérien* n'aurait d'autre conséquence que d'exonérer le budget des centaines de millions indispensables à l'exécution et à l'entretien des voies de terre en Algérie, ce serait un motif suffisant de l'exécuter ; et cependant cette conséquence est l'une des moins importantes qui se puissent invoquer en sa faveur !

» En résumé, ainsi que nous le disions dans la *Chronique du mois* de la livraison des *Annales* de juin dernier :

« La réalisation d'un pareil projet, dans un pays qui n'a ni rivières » navigables, ni canaux, ni routes, serait : pour l'État, la source assurée

» d'une économie immédiate considérable; pour l'Algérie, le plus puis-
» sant et le plus irrésistible instrument de sa fortune à venir; pour les
» colons, le moyen d'augmenter dans une proportion énorme la valeur de
» leurs propriétés , en offrant un débouché facile et toujours assuré à
» leurs produits ; pour la compagnie concessionnaire, une opération d'au-
» tant plus certaine et plus fructueuse, qu'en raison de sa situation
» toute spéciale, situation sans analogie dans le monde entier, le *Chemin de*
» *fer central du Tell algérien* constituerait la seule et unique grande voie
» de communication de l'Algérie, celle sur laquelle viendraient se souder
» peu à peu toutes les artères secondaires de la circulation du pays. »

» Quant à nous, fondé de pouvoirs des auteurs du projet, et chargé par eux
d'en préparer la réalisation, nous ne négligerons rien pour mener à bonne
fin une idée dont l'application changerait en quelques années la face entière de l'Algérie, et qui serait comme une seconde et définitive conquête
du territoire au profit de la Colonisation.

» HIPPOLYTE PEUT. »

CHEMIN DE FER DE L'ALGÉRIE

PAR LA LIGNE CENTRALE DU TELL,

AVEC RATTACHES A LA COTE.

CHAPITRE Iᵉʳ.

CONSIDÉRATIONS GÉNÉRALES (1).

---

§ 1ᵉʳ.

AVANT DE SONGER A POUSSER PLUS AVANT L'ŒUVRE DE LA COLONISATION EN ALGÉRIE, LA QUESTION DE VIABILITÉ GÉNÉRALE DOIT ÊTRE RÉSOLUE.

Depuis que le courage et le dévouement de notre armée ont donné la sécurité aux trois provinces de la colonie, au Sahara comme au Tell, aux contrées montagneuses réputées inaccessibles comme aux plaines les mieux ouvertes, des explorateurs de tous les ordres ont signalé au commerce, à l'industrie, à l'agriculture, d'immenses richesses à exploiter; mais presque

---

(1) Ces considérations et le travail qui les accompagne ont été rédigés à l'appui de la demande de concession suivante :

Alger, le 15 juillet 1854.

A Son Excellence Monsieur le Ministre de la guerre.

MONSIEUR LE MINISTRE,

Les soussignés :

Paul Delavigne, négociant, propriétaire des glacières d'Aïn-Telazid et de Bab-e!-Oued ;

Oscar Mac-Carthy, ingénieur civil ;

Urbain Ranc, propriétaire;

Joachim-Adolphe Serpolet, ancien notaire, propriétaire ;

Auguste Warnier, ancien membre de la Commission scientifique et du Conseil supérieur d'administration de l'Algérie ,

Constitués en association, par acte du 15 janvier 1854, sous le titre de *Société du chemin de fer de l'Algérie par la ligne centrale du Tell, avec rattaches à la côte,*

Ont l'honneur de vous adresser la demande de concession du chemin de fer de la ligne centrale du Tell algérien, aboutissant par ses extrémités Est et Ouest à Bône et à Oran, et

partout l'esprit d'entreprise a rencontré dans le manque de voies de communication praticables en toute saison, soit des obstacles insurmontables, soit des difficultés qui ne sont vaincues qu'au prix des plus grands sacrifices.

Ainsi, pour ne citer que les principales ressources industrielles auxquelles le chemin de fer de la ligne centrale du Tell ouvrirait des débouchés immédiats :

Les forêts, si riches en bois de toute nature, surtout en bois propres à l'ébénisterie et à l'industrie des machines, laissent la colonie manquer de matériaux de construction, de résines, de tans, quand ces forêts, indépendamment des besoins de la consommation locale à satisfaire, pourraient donner lieu à des exportations considérables, tant dans la métropole qu'à l'étranger ;

Ainsi, nos mines restent inexploitées, ou ne donnent que des produits très restreints quand l'Europe manque de plomb, quand le cuivre devient rare, quand la France se voit réduite à admettre les fers et les aciers étrangers en concurrence des siens ; quand, par les besoins toujours incessants de l'indus-

---

se rattachant aux autres points de la côte par des embranchements sur Alger, Philippeville et Bougie, tel au surplus que le tracé en est indiqué au plan à l'échelle du $\frac{1}{400,000}$ annexé à la présente demande et dressé sur les lieux par l'un de nous, M. Mac-Carthy.

Les soussignés prennent l'engagement :

1° De constituer, dans le délai qu'il plaira au gouvernement de leur assigner, une compagnie financière acceptant les charges et avantages de ladite concession et offrant au gouvernement toutes les garanties exigées par la loi ;

2° De construire les différentes sections dudit chemin dans l'ordre et dans les délais suivants, à partir du jour où la constitution de la Société aura été définitivement approuvée :

     La section d'Alger à Oran,   dans le délai de 4 ans ;
     — du Chélif à Bône,   —   7 —
     L'embranchement sur Philippeville,   —   7 —

Ceux sur Arzew, Mostaganem, Cherchell, Bougie, aussitôt que les circonstances le permettront ;

3° De pourvoir de personnel et de matériel et d'exploiter successivement les susdites sections au fur et à mesure de leur achèvement et de la réception des travaux ; le tout dans les conditions voulues par la loi ou stipulées au cahier des charges ;

4° D'établir des docks sur tous les points du littoral où aboutira le chemin de fer ;

5° D'établir sur tout le parcours du tracé une ligne de télégraphie électrique ;

6° De faire participer l'État au partage des bénéfices, au-delà de 10 pour 100, taux de l'intérêt légal en Algérie, amortissement prélevé, en compensation des avantages spéciaux demandés ci-dessous ;

7° De prolonger le réseau sus indiqué, si on en reconnaît ultérieurement la nécessité :

     Dans l'Ouest, jusqu'à la frontière marocaine, par Mascara, Sidi-bel-Abbès et Tlemcen ;
     Dans l'Est, jusqu'à Tebessa sur la frontière tunisienne ;

trie, les anciennes sources de production sont à la veille d'être épuisées ;

Ainsi, l'Algérie elle-même demande encore à la rive européenne de la Méditerranée : des pierres de taille, des marbres, des plâtres, de la chaux, des pouzzolanes, etc., etc.; quand, sous ce rapport, la rive africaine est mieux favorisée qu'aucune des contrées qui fournissent à ses besoins.

La colonie a-t-elle des produits naturels tout créés, prêts à entrer dans le commerce, produits nécessaires, indispensables même à la métropole : des céréales, des fourrages, des viandes, des laines, des huiles, etc.? La multiplicité des intermédiaires entre le producteur et le consommateur, la cherté et la lenteur des transports, bien que l'Indigène compte à peu près pour rien son temps et celui des bêtes de somme qu'il y consacre, élèvent ces denrées à un tel prix, qu'en temps ordinaire, elles peuvent à peine se présenter avec avantage sur les marchés qu'une loi libérale leur a ouverts.

Embrassons-nous d'un même coup d'œil le champ dévolu à la colonisation européenne dans les trois provinces? Nous le trouvons très-étroit, cir-

---

Dans le Sud, jusqu'aux principales Oasis ;
Le tout aux conditions de la présente concession.

Pour remplir ces engagements, les soussignés demandent à l'État :

1º La garantie d'un minimum d'intérêt pour toutes les sommes dépensées, tant pour les études, la création de la voie, des docks et du télégraphe électrique, que pour l'achat de leur matériel d'exploitation ;

2º La remise gratuite de tous les terrains nécessaires à l'assiette de la voie et des docks ainsi que des établissements à y annexer ;

3º Le concours des tribus indigènes, au moyen de prestations en nature rendues obligatoires, sous la surveillance directe de l'autorité militaire, tant pour les travaux de terrassements simples que pour les transports de matériaux ; à charge par la Compagnie bénéficiaire d'en tenir compte auxdites tribus, en leur allouant des actions du chemin de fer pour une somme représentative de leurs prestations, d'après un tarif qui sera préalablement arrêté entre la Compagnie et le Gouvernement, toutefois, avec cette réserve, que lesdites actions seront incessibles et inaliénables comme garantie de sécurité ;

4º L'admission, en franchise de droits, des fontes et fers étrangers que la Compagnie pourra employer dans la construction du chemin ;

5º La cession gratuite des bois sur pied, dans les forêts domaniales, qui pourraient être utilisés, tant pour la construction de la voie, des établissements y annexés, que pour de clôtures du chemin ;

6º La concession gratuite et perpétuelle de 10,000 hectares destinés à l'établissement les centres industriels spéciaux, à prendre, au choix de la Compagnie, sur les terres domaniales contiguës ou voisines de la voie ferrée, et entre autres de 500 hectares à Amoura, point d'intersection des lignes de l'Est, de l'Ouest et du Nord, où nécessairement la Compagnie devra créer son principal établissement intérieur ;

7º La concession, à titre de droit d'inventeur, de tous les gisements minéralogiques, en dehors des périmètres des concessions déjà faites, que les travaux de terrassements

conscrit dans les limites d'une viabilité nécessairement restreinte et sans possibilité d'agrandissement, avant que de nouvelles voies de communication aient été ouvertes. Et cependant, que de raisons pour désirer cet agrandissement, quand deux fois dans la dernière période décennale, en 1847 et en 1853, nous avons vu la France forcée d'exporter des centaines de millions pour solder les substances alimentaires que les besoins de sa consommation l'obligeaient à demander à la production étrangère?

Des particuliers, des compagnies, des préfets demandent-ils à l'administration algérienne des terres à coloniser? On est forcément obligé de leur répondre qu'on n'en a pas, ou l'on est contraint de faire des efforts vraiment extraordinaires pour satisfaire à leurs demandes, non que les terres à cultiver manquent en Algérie, non que les vides laissés par la population indigène ne soient considérables, immenses même, mais parce que les terres dont on pourrait disposer sont rendues indisponibles par le manque de voies de communication.

Donc, avant de songer à pousser plus avant l'œuvre de la colonisation, soit sous la forme industrielle, soit sous la forme commerciale, soit sous la forme agricole, la question de viabilité générale doit être résolue, non pas seulement en théorie, mais en fait.

---

du chemin feraient découvrir, à charge par la Compagnie de les exploiter dans les conditions de droit commun ;

8o Enfin, le privilége d'exploitation, pour 99 ans, à partir du jour de la réception des travaux du dernier tronçon, sur les bases qui ont servi à établir les tarifs des chemins de fer en France.

À l'appui de leur demande, Monsieur le Ministre, les soussignés vous adressent ci-inclus :

1o Un mémoire qui en expose les motifs et justifie des conditions spéciales auxquelles elle est faite;

2o Un plan général du tracé, à l'échelle du $\frac{1}{40000}$ avec les cotes de nivellement, le profil, etc.;

3o Un avant-projet estimatif des dépenses ;

4o Une description sommaire des lieux, avec indication des facilités et des difficultés qu'ils présentent à l'exécution du réseau proposé.

Nous sommes persuadés, Monsieur le Ministre, que l'examen de ces études ne laissera aucun doute dans votre esprit sur la haute utilité du projet que nous vous soumettons, sur la possibilité de le conduire à bonne fin, et qu'après avoir soumis notre demande à toutes les épreuves d'instruction qu'elle exige, vous voudrez bien la présenter à la sanction de Sa Majesté l'Empereur Napoléon III.

Nous avons l'honneur d'être, avec le plus profond respect, de Votre Excellence, Monsieur le Ministre, les très-humbles et très-obéissants serviteurs :

PAUL DELAVIGNE, OSCAR MAC-CARTHY, URBAIN RANC, JOACHIM-ADOLPHE SERPOLET, AUGUSTE WARNIER.

§ 2.

L'INTÉRÊT DE LA FRANCE, CELUI DE L'ALGÉRIE EXIGENT UNE SOLUTION IMMÉDIATE.

La France, nous l'avons déjà dit, est dans une situation critique, tant sous le rapport alimentaire que sous le rapport industriel :

Sous le rapport alimentaire,

Sa production en céréales a été deux fois insuffisante à cinq années d'intervalle, et cette insuffisance, M. Charles Dupin l'a mathématiquement démontré, tient moins à des influences climatériques passagères qu'à la disproportion qui existe aujourd'hui entre le chiffre de la population et la superficie des terres cultivables ;

Ses pommes de terre, ses vignes, ses fruits sont malades, et, tout porte à le croire, les maladies de ces végétaux, plutôt anémiques que pléthoriques, reconnaissent pour cause un excès de productivité demandé à la terre ;

Ses bestiaux ne suffisent plus, ni aux besoins de l'agriculture, ni à ceux de la consommation, à ce point qu'une loi de nécessité vient d'ouvrir le marché intérieur aux viandes de tous les pays.

Sous le rapport industriel,

Les bois deviennent rares en France et leurs prix augmentent dans une proportion effrayante ;

L'industrie métallurgique, malgré des efforts inouïs pour se montrer à la hauteur des besoins du pays, vient d'être obligée de constater son impuissance et d'admettre sur ses marchés les produits de l'industrie étrangère ;

En un mot, les conditions de la vie matérielle ne sont aujourd'hui que difficilement satisfaites en France, et le remède à une telle situation est appelé par les vœux les plus ardents.

Heureusement, l'Algérie est ce remède, mais à une condition *sine quâ non*, c'est qu'elle ne continuera pas à laisser entre ses trésors et la métropole les obstacles insurmontables que lui oppose l'inviabilité du pays.

L'Algérie a des terres de culture dont la superficie, par rapport à sa population, est dans des proportions inverses de celles de France ;

Ces terres furent jadis le grenier de Rome et de l'Empire romain ; elles peuvent encore être celui de la France et de l'Europe.

Mais, pour qu'elles soient en état de recevoir l'excédant de population de la métropole, pour qu'elles produisent tout ce que leur fécondité promet, il faut que l'émigrant puisse se rendre facilement et promptement sur le sol qu'il est appelé à féconder, il faut que tous les objets indispensables à son installation puissent y arriver dans les mêmes conditions que sa personne ; il faut que l'émigrant, devenu cultivateur, puisse aller partout avec sa charrue, et que le produit de ses récoltes puisse être conduit, avec le moins de frais et de temps possible, au marché voisin.

L'Algérie a des bestiaux dont l'espèce seule est à améliorer, progrès dépendant de celui de la colonie, et que des voies de communication faciles réaliseront dans un temps prochain et dans des conditions inespérées.

L'Algérie a des bois dont la valeur ne sera révélée qu'à l'usage, et que l'usage ne peut révéler, s'il n'est pas permis de les sortir des forêts.

Enfin, elle a des mines, aussi riches, aussi variées, aussi abondantes qu'on peut le désirer. Ses fers entre autres, par leur excédant de richesse, paraissent spécialement prédestinés à racheter, au moyen de leur mélange, la pauvreté de ceux que produisent les minerais de la métropole.

Mais, en vain, la Providence aura gratifié la France d'une si belle possession ; en vain, elle aura placé à sa porte une colonie d'autant plus précieuse que sa position intermédiaire la fait participer à la fois aux caractères des pays de la zone tempérée et de la zone inter-tropicale, cette terre de promission renouvellera pour elle le supplice de Tantale si le manque de voies de communication ne lui permet pas d'en jouir.

Non moins que la France, l'Algérie, elle aussi, réclame d'urgence une solution à la question de viabilité.

L'espace qu'elle a à vivifier est immense, et sa population est infiniment minime. Avec un système de viabilité facile, l'espace se trouve réduit ; avec une circulation plus active, la même population voit doubler, décupler, centupler le résultat de ses efforts, suivant que la rapidité de la circulation est double, décuple ou centuple.

En Algérie, aujourd'hui, tout le monde, Gouvernement et colons, succombent sous le poids de la tâche entreprise.

Non-seulement le Gouvernement doit remplir les actes de sa fonction spéciale, mais encore, à raison de l'insuffisance, ou plutôt de l'absence de l'initiative individuelle, il faut qu'il soit tout : producteur, consommateur, intermédiaire même ; aussi, n'est-il pas étonnant que, malgré de grands efforts, qui ne sont pas toujours appréciés, beaucoup d'intérêts restent en souffrance.

Quant aux colons, y en a-t-il un qui n'ait pas entrepris dix fois plus que ses ressources en bras et en capitaux ne lui permettaient ? Ce que fait et produit annuellement la population européenne de l'Algérie est incroyable ; et, plus on fait, plus on constate l'immensité de ce qui reste à faire.

Et quand nous nous adressons à la vieille Europe pour lui demander quelques-uns de ces essaims qu'elle envoie annuellement dans un autre hémisphère, quand nous appelons à nous les capitaux dont elle ne trouve plus l'emploi utile dans son sein, elle nous répond : « Que l'Algérie se ré- » vèle à nous et nous irons à elle. »

Elle a raison, l'Europe, car, comment croirait-elle que nous avons en nous les éléments d'une vie propre, quand, jusqu'à ce jour, la colonie n'a vécu que des larges subsides de sa métropole ; comment croirait-elle que nous avons des terres quand ceux qui en demandent ne peuvent en obtenir ; des mines, des bois, quand elle ne reçoit aucun de leurs produits ? Pourquoi l'Australie, la Californie, colonies moins anciennes et beaucoup plus éloignées que l'Algérie, ont-elles obtenu la faveur dont elles jouissent ? C'est qu'elles se sont révélées au vieux monde par leurs richesses. Révélons donc les nôtres.

Mais, pour cela, il nous faut des voies de communication qui permettent la circulation facile de nos produits.

Depuis longtemps on a assigné à l'Algérie trois conditions à remplir avant de prospérer. Ces conditions sont la sécurité, la salubrité, la viabilité.

La sécurité est aujourd'hui un fait accompli, grâce à l'activité, au dévouement et à l'intelligence de notre armée.

Désormais le problème de la salubrité est résolu.

Il ne reste plus que la condition de viabilité à remplir. C'est notre œuvre principale aujourd'hui.

Ainsi le comprennent d'ailleurs les hommes qui dirigent nos affaires, tant en France qu'en Algérie. Nous en avons la preuve dans l'activité apportée par le ministère de la guerre pour faire aboutir à une prompte solution le projet de chemin de fer d'Alger à Blida, et dans l'accueil qui a été fait aux projets de voies ferrées entre Philippeville et Constantine, et entre Arzew et les Salines ; nous en avons une preuve plus directe et plus positive dans les grands travaux de routes exécutés depuis deux ans par l'armée, sous l'impulsion persévérante de Monsieur le gouverneur général.

L'urgence d'une solution à la question de viabilité est donc évidente aux yeux de tous.

§ 3.

LA VIABILITÉ, EN ALGÉRIE, DOIT AVOIR POUR BASE LE CHEMIN DE FER.

La viabilité étant un besoin à satisfaire d'urgence, il n'y a plus qu'à faire choix entre l'un des trois genres de voies de communication actuellement en usage chez les peuples civilisés : routes, canaux, chemins de fer.

De ces trois genres de voies de communication, celui par les canaux étant refusé à l'Algérie, ici par le manque d'eau, là par les pentes trop rapides du sol, le choix se trouve restreint entre la route et le chemin de fer.

Entre la voie empierrée et la voie ferrée, le choix ne saurait être douteux, quand nous voyons les Etats d'Europe, déjà dotés de routes et de canaux, ne pas hésiter à faire double et triple emploi, et à se donner des voies d'un parcours à la fois plus rapide et plus économique.

Comme les Américains, nous nous trouvons en présence d'un pays neuf, et, chez nous comme aux États-Unis, le rail-way doit le premier prendre possession du sol, disons mieux, faire circuler dans le pays la vie qui lui manque.

Toutefois, afin que l'ombre du doute ne puisse exister, nous avons cherché à nous rendre compte de la dépense comparée qu'entraînerait l'adoption de l'un ou de l'autre mode de viabilité, tant pour celui qui serait obligé de le créer que pour ceux qui seraient obligés de s'en servir ; voici les résultats fournis par nos recherches.

Comparaison entre la dépense de création des routes et des chemins de fer.

En Algérie, le kilomètre de route, arrivé à l'état d'entretien, coûte 20,000 fr.

On estime que le kilomètre de chemin de fer, par le tracé proposé, coûtera 100,000 fr.

Pour la dépense de création, l'avantage est donc au profit des routes, dans le rapport de 1 à 5.

Mais cet avantage n'est qu'apparent, le rayon d'attraction du chemin de fer, comparé à celui de la route, se trouvant dans le rapport inverse.

En effet, pour obtenir les mêmes facilités de circulation, moins la vitesse et l'économie, il faut plusieurs routes parallèles là où une seule ligne de chemin de fer est nécessaire, le nombre des voies de communication perpendiculaires restant à peu près le même.

Soit, pour exemple, la province d'Alger :

Dans le cas d'adoption du mode de viabilité par les routes, pour que le pays puisse être réputé viable, il faut, sur le même parallèle, les routes suivantes :

1° Une route maritime (ouverte entre Dellis et Castiglione) ;

2° Une route par le pied sud du Sahel (créée entre la Ferme-Modèle et Koléa, avec projet de continuation jusqu'à Marengo) ;

3° Une route centrale de la Mitidja (ouverte entre l'Arba, Sidi-Mousa, Boufarick, Oued-el-Aleg, avec projet de continuation jusqu'au Bou-Roumi) ;

4° Une route de ceinture du pied de l'Atlas (elle s'étend déjà de l'Arba à Marengo, avec projet de continuation dans l'Est, jusqu'au Fondouck et au-delà) ;

5° Une route sur la ligne centrale du Tell (déjà commencée entre Médéa et le Chélif, avec projet de continuation dans l'Est jusqu'à Aumale, dans l'Ouest jusqu'à Miliana) ;

6° Enfin, et pour ne pas pousser plus loin cette énumération, une route de ceinture, au pied des montagnes, sur les limites du Tell et du Sahara, entre Boghar et Msila;

Total : six routes parallèles là où un chemin de fer rendra autant, si ce n'est plus de services.

Donc, nous avions raison de dire que l'avantage, dans les dépenses de création, au profit des routes, n'était qu'apparent.

Voyons maintenant la comparaison entre les dépenses de circulation sur les routes et sur les chemins de fer :

Comparaison entre les dépenses de circulation sur les routes et sur les chemins de fer.

Le prix et la vitesse du transport entrent comme élément d'appréciation comparée dans les dépenses de circulation.

Examinons quelles sont ces dépenses pour les voyageurs et pour les marchandises :

POUR LES VOYAGEURS,

Sur les routes, en France, en Allemagne, en Italie, en Belgique, le prix des places dans les voitures publiques est, *par kilomètre :*

Coupé, 15 c. ; intérieur, 12 c. 1/2 ; rotonde et banquette, 10 c. ; en moyenne, à peu près 12 centimes.

En Angleterre, avant l'établissement des rails-ways, la moyenne était de 25 centimes.

En Algérie, la moyenne est celle de France : 12 centimes.

La vitesse moyenne des voitures faisant le service des voyageurs est, dans toute l'Europe, comme en Algérie, de 8 kilomètres à l'heure.

Sur les chemins de fer, en France, le prix de la place du voyageur, d'après les tarifs, est, en moyenne, de 6 centimes *par kilomètre*.

En Algérie, sur le chemin de fer projeté, on doit prévoir que le tarif sera le même qu'en France, soit, en moyenne, le prix de la place à 6 centimes par kilomètre.

En France, la vitesse des convois de voyageurs est de 40 kil. à l'heure ; la même vitesse pourra être adoptée pour l'Algérie ; soit, à l'heure, 40 kil.

Or, voici comment ces chiffres, rapprochés les uns des autres, se traduisent :

PAR KILOMÈTRE ET PAR VOYAGEUR,

Sur les routes, . . prix de la place. . . . 0 f. 12
— prix du temps (1). . . 0   015625
— dépenses de nourriture(2). 0   015625

Total, quinze centimes un quart. . .   0 f. 15125

(1) Le temps, surtout dans une colonie où les bras manquent, a une valeur. C'est l'estimer au plus bas que de lui assigner une moyenne de 3 fr. par jour.

(2) Les dépenses de nourriture, etc., calculées à 3 fr. par jour, sont également un minimum qui est presque toujours dépassé par les voyageurs.

Sur les chemins de fer, prix de la place. . . . 0   06

—   prix du temps. 0   003

—   dépenses de nourriture. . 0   003

Total, six centimes et demi. . . .   0   066

Différence au profit du voyageur en chemin de fer. . . . 0   08525

PAR CENT KILOMÈTRES ET PAR VOYAGEUR,

Sur les routes, . . . prix de la place. 12

—   prix du temps. 1   5625

—   dépenses de nourriture. . 1   5625

Total.   15   125

Sur les chemins de fer, prix de la place. . . . 6

—   prix du temps. . . . 0   30

—   dépenses de nourriture. . 0   30

Total.   6   60

Différence au profit du voyageur en chemin de fer. 8   525

PAR CENT KILOMÈTRES ET CENT MILLE VOYAGEURS,

La différence au profit des voyageurs en chemin de fer, est de :

Sur le prix de la place. . . . . 600,000 f.

Sur le prix du temps. 126,250

Sur les dépenses de nourriture. . . 126,250

Total.. . . . . .   852,500 f.

PAR QUATRE CENTS KILOMÈTRES ET DEUX CENTS VOYAGEURS PAR JOUR, A LA FIN DE L'ANNÉE,

Pour la section d'Alger à Oran, d'un parcours, en chiffre rond, de 400 kilomètres, *à un convoi par jour* (aller et retour), avec une moyenne de 200 voyageurs par jour, la différence au profit du voyageur en chemin de fer donne une économie annuelle de 4,997,600 fr. sur le prix des routes, quand la somme totale dépensée par les voyageurs n'est que de 3,504,000 fr.

La proportion est la même dans les économies réalisées sur le transport des marchandises ;

POUR LES MARCHANDISES,

Sur les routes, En France, la tonne paie *par kilomètre* . .   0 f. 20

—   Aux États-Unis, la tonne payait par kilomètre

        (avant l'établissement des rails-ways). . .   0   50

—   En Algérie, la tonne paie par kilomètre (en

        moyenne).   0   20 (1)

Les mises à prix des derniers cahiers des charges pour les transports militaires dans la province d'Alger portaient le prix de la tonne à 22 centimes par kilomètre, et les marchés ont été adjugés avec une réduction sur ces mises à prix.

En France, la vitesse moyenne du roulage est évaluée, par jour, à 40 kilomètres. Nous admettons la même base pour l'Algérie, quoique la vitesse imposée par les cahiers des charges de l'administration militaire, notamment par le génie, ne soit que de 32 kilomètres, infériorité qui s'explique par l'état des routes, le manque de ponts et la force moindre des animaux de trait.

Sur les chemins de fer, la tonne de marchandise, à petite vitesse, paie généralement 10 centimes *par kilomètre*.

La marche des convois, à petite vitesse, est de 400 kilomètres par jour soit environ 16 kilomètres par heure. Les mêmes conditions de prix ou de vitesse doivent être adoptées pour le chemin de fer projeté.

Cela étant, la dépense de circulation des marchandises sur les deux modes de viabilité, pour l'Algérie, s'établit comparativement ainsi qu'il suit :

PAR KILOMÈTRE ET PAR TONNE,

Sur les routes. . .   Prix de transport de la

        tonne. . . . . .   0 f. 20

—   Intérêt de la valeur de la

        tonne pendant le voya-

        ge (2).   0   00137

          Total. . . . .   0 f. 20137

---

(1) Ce chiffre doit être considéré comme un *extrême minimum*; il est telle route de l'Algérie où, dans certaines saisons de l'année, le transport de la tonne s'élève à 2 fr. par kil.

(2) Nous admettons, comme moyenne de la valeur de la tonne de marchandise, celle de la tonne de blé, à raison de 20 fr. les 100 kil., et celle d'une bordelaise de vin de 225 litres au prix de 50 fr.

Sur cette base, la valeur de la tonne de marchandise est de 200 fr. ; à l'intérêt de

Sur les chemins de fer. Prix de transport de la

tonne. . . . . . , 0   10

— Intérêt pendant le voyage   0   000137

Total.   0   100137

Différence au profit du transport par chemin de fer... . .   0   101233

PAR CENT KILOMÈTRES ET PAR TONNE,

Sur les routes, ...   20 f. 137

Sur les chemins de fer, ...   10   0137

Différence au profit du transport par chemin de fer.   10   1233

PAR CENT KILOMÈTRES ET PAR MILLE TONNES,

Sur les routes, ...   20,137 f. 00

Sur les chemins de fer, ...   10,013   70

Différence au profit du transport par chemin de fer. . . . 10,123 f. 30

Différence qui, pour la section d'Alger à Oran, — la proportion entre les recettes des voyageurs et celles des marchandises paraissant être en France, d'après une moyenne de cinq années, comme 60 est à 40, et adoptant cette base pour l'Algérie, — donnerait au commerce et à l'industrie une économie annuelle de 2,464,800 fr., quand le coût total du transport ne s'élèverait qu'à 2,339,200 fr. (1).

Mais ce n'est pas tout : le chemin de fer, par la rapidité et le bon marché de ses transports, permet à l'industrie et au commerce une réduction sur leur capital de roulement, réduction qu'on ne peut évaluer à moins de 6 p. 100 sur le capital des marchandises qui parcourent une moyenne de 100 kilomètres. Or, comme nous avons admis, pour la section d'Alger à Oran, une circulation annuelle de 233,600 tonnes, représentant un capital de 46,720,000 fr., le capital de roulement ne peut être estimé à moins du

---

10 pour 100, taux légal de l'Algérie, taux véritable du capital industriel et commercial, l'intérêt de la tonne est de 20 fr. par an, de 0,0548 par jour et par 40 kil., et de 0,00137 par kil.

(1) D'après la proportion des recettes de voyageurs, le chemin de fer d'Alger à Oran produirait en transports de marchandises 2,336,000 fr. Cette somme, à 10 cent. par tonne, suppose une circulation annuelle de 233,600 tonnes, parcourant en moyenne 100 kil., et valant, à 200 fr. l'une, 46,720,000 fr., chiffres de tonnes et de valeurs qui sont loin d'être exagérés, car les ports de la province d'Alger seuls, à l'exportation et à l'importation, donnent un total annuel d'environ 200,000 tonnes, et le mouvement d'affaires de cette seule place n'est pas moindre de 80 millions par an.

quart, soit 12,000,000, ce qui donne, à 6 p. 100, une réduction de 720,000 fr., dont l'intérêt à 10 ajoute une économie annuelle de 72,000 fr. à celle de 2,464,800 fr. déjà notée.

En résumé, sur la seule section d'Alger à Oran, *à un convoi par jour* (aller et retour), la colonie, par le chemin de fer, bénéficierait annuellement sur la dépense de circulation, comparée à celle des routes :

Voyageurs.	fr.	Marchandises.	fr.
Prix de la place.. . .	3,504,000	Prix du transport.. . . .	2,336,000
Prix du temps. . . .	736,000	Intérêt pendant le voyage.	28,800
Dépenses de nourriture.	736,000	Intérêt sur le capital. . .	72,000
Total. . . .	4,997,600	Total. . . .	2,436,800
Ensemble.		7,434,400 f.	

Cette section demanderait à la colonie une dépense :

Les transports de voyageurs de. . . . . 3,504,000 f.
   —   de marchandises. . . . . 2,336,000 } 5,840,000 f.

et lui rendrait en économies sur le prix de circulation des routes :

Pour le transport des voyageurs. . . . . 4,997,600 f.
   —   des marchandises. . . . 2,436,800 } 7,434,400

L'économie annuelle de 7,434,400 fr. que donnerait le chemin de fer projeté, pour la seule section d'Alger à Oran, et *pour un seul convoi par jour*, représente, à l'intérêt algérien de 10 p. 100, un capital de 74,344,000 fr., et, à l'intérêt français de 5 p. 100, le capital énorme de 148,688,000 fr., qui doit être pris en considération quand on compare la dépense de création des routes et celle du chemin de fer.

Or, nous osons affirmer que la création d'un chemin de fer, à double voie, entre Alger et Oran, coûtera à peine le tiers du capital représenté par les économies annuelles que réaliserait la préférence donnée au chemin de fer sur les routes.

Le doute ne peut donc pas exister : *la viabilité, en Algérie, doit avoir pour base le chemin de fer ;* et, circonstance heureuse, l'adoption du tracé que nous proposons par la ligne centrale du Tell ne fait double emploi qu'avec une faible partie des routes à l'état d'entretien, les seules qui puissent être considérées comme voies de communication définitive.

Ces doubles emplois seraient :

Le tronçon d'Oran à Saint-Denis-du-Sig. . . .	50	kilomètres.
Le tronçon d'Alger à la Chiffa.	59	—
Le tronçon de Bône à Guelma.	50	—
Le tronçon de la Saf-Saf à Philippeville. . . .	20	—
Total.	179	kilomètres.

Cela se comprend : le tracé que nous proposons est parallèle au littoral ; or, toutes les routes ouvertes jusqu'à ce jour ont dû nécessairement, pour les besoins de la domination, être perpendiculaires à ce même littoral.

Ainsi, le tracé d'un chemin de fer par la ligne centrale du Tell, non-seulement ne rend inutile aucune dépense faite, mais donne à toutes les routes perpendiculaires déjà ouvertes une utilité qu'elles n'ont pas eue jusqu'à ce jour et qu'elles n'atteindraient jamais si un chemin de fer, en les reliant entre elles, ne leur communiquait une nouvelle vie.

§ 4.

LA SOLUTION A LA QUESTION DE VIABILITÉ N'EST PAS DANS LA CRÉATION DE CHEMINS DE FER RESTREINTS, MAIS DANS L'ADOPTION D'UN RÉSEAU GÉNÉRAL ET D'ENSEMBLE.

Le chemin de fer devant être la base de la viabilité en Algérie, il n'y a plus en présence que deux ordres de projets :

Les uns, restreints : le chemin d'Oran à Saint Denis-du-Sig, d'Arzew aux Salines, le chemin d'Alger à Blida, le chemin de Philippeville à Constantine;

L'autre, général, celui que nous proposons, par la ligne centrale du Tell, desservant les chefs-lieux des trois divisions militaires et des principales subdivisions territoriales, aboutissant aux ports les plus importants de la colonie : Oran, Mostaganem, Alger, Bougie, Philippeville et Bône, traversant les vallées, les plaines et les plateaux les plus fertiles et les plus populeux, longeant les contrées les plus riches en mines, en forêts, etc., en un mot, embrassant dans son immense réseau tout ce que l'Algérie a de forces vives.

C'est entre ces deux ordres de projets que le choix du Gouvernement se trouve désormais circonscrit.

Avant de nous livrer à l'examen comparatif de ces deux ordres de projets, nous croyons utile de poser d'abord quelques principes généraux.

Dans tous les États où l'on a adopté le chemin de fer comme moyen de locomotion perfectionnée, on a généralement commencé par des chemins d'essai, par des chemins restreints et isolés, comme on veut le faire encore aujourd'hui en Algérie avec les projets d'Oran à Saint-Denis, d'Arzew aux Salines, d'Alger à Blida, de Philippeville à Constantine, et partout on a regretté d'avoir engagé l'avenir avant d'avoir examiné la question à un point de vue plus général des besoins d'ensemble des États, tant dans leurs rapports intérieurs que dans leurs rapports extérieurs. Cette faute doit être évitée en Algérie. Nous ne sommes plus à l'époque où l'éducation des peuples était à faire, où la curiosité publique voulait être satisfaite avant de formuler son opinion. L'état où est arrivée la question des chemins de fer en Europe, ne permet pas à l'Algérie de donner le premier coup de pioche pour dresser la chaussée sur laquelle devront s'asseoir les premiers rails, sans qu'au préalable on ne se soit rendu compte si le point de départ est en harmonie avec le point d'arrivée possible, présent ou futur ; si le tracé répond à tous les besoins, à toutes les éventualités ; si les conditions d'exploitation sont arrêtées en prévision de certaines nécessités inhérentes à l'état social du pays ; si, enfin, le plan spécial proposé est en rapport avec l'œuvre plus générale de domination, de colonisation et de civilisation que la France poursuit en Afrique.

L'examen le plus superficiel démontre qu'il doit en être ainsi ;

Au point de vue gouvernemental, la situation politique domine tout et dominera tout, en Algérie, pendant un temps dont la durée ne peut être limitée. En effet, pour produire par l'agriculture, l'industrie et le commerce, il faut être et rester maîtres du pays. Or, pour la conservation de notre domination, tant à l'intérieur qu'à l'extérieur, il peut et il doit entrer dans les convenances du Gouvernement que les tracés des lignes passent par tel point et ne passent pas par tel autre ; que les chemins de fer, dans leur ensemble, ne relèvent que d'une seule administration ayant son siége au siége même du Gouvernement ; qu'ils n'aient qu'un seul mode uniforme d'installation, qu'un seul matériel, de manière à se prêter à toutes les exigences que les circonstances politiques pourront faire surgir, soit en cas d'embarras intérieurs, pour concentrer toutes les forces disponibles sur un point donné, soit en cas d'attaque du côté de la mer ou de combats maritimes

soutenus par notre flotte, pour faire circuler, d'un port à un autre, les se-
cours en personnel et en matériel qui seraient jugés nécessaires; car, avec
un chemin de fer mettant en communication Oran, Mostaganem, Alger, Bougie, Philippeville et Bône, ces ports peuvent se prêter un mutuel appui, et
cet avantage double la force, déjà si grande, de la puissance maritime que
la conquête de l'Algérie a mise à la disposition de la France.

Au point de vue plus spécialement militaire de l'attaque et de la défense,
il y a nécessité impérieuse d'adopter un réseau général et un mode uniforme de construction et d'exploitation, avant de concéder soit des tronçons, soit des lignes de chemins de fer. L'application de la vapeur à la locomotion sur terre est loin d'avoir dit son dernier mot comme instrument
de défense et d'attaque, et, dans une position essentiellement militaire, un
chemin de fer doit être combiné, dans son ensemble, de manière à se prêter le plus possible aux services militaires qu'on peut attendre de lui, non
contre les Indigènes, dont la science guerrière est loin de réclamer de tels
moyens, et qui chaque jour se rapprochent davantage de nous, mais contre
les forces régulières et disciplinées qu'un jour ou l'autre une puissance européenne pourrait diriger contre nos établissements.

En dehors de ces considérations, empruntées à la vie propre, à l'existence
intrinsèque de l'Algérie, il en est d'autres que nous appellerons de relations extérieures, qui exigent encore l'examen de la question au-delà des
limites actuellement assignées à notre possession.

Au point de vue des relations extérieures, l'Algérie est loin de constituer
à elle seule une région géographique, un tout entièrement isolé du monde,
ainsi que le serait une île ou une possession lointaine, circonscrite dans des
barrières naturelles infranchissables. Bien loin de là, elle n'est que la
tierce partie de la Péninsule atlantique, dont elle ne peut s'isoler dans le
passé, encore moins dans le présent et dans l'avenir, et cette péninsule
elle-même n'est que le vestibule d'un immense continent qui s'est dérobé
jusqu'ici à la civilisation qui le convoite et l'enveloppe déjà de toutes parts.

A ce point de vue spécialement africain, la question des chemins de fer
en Algérie doit être examinée et résolue de manière à ce que le réseau
adopté puisse se combiner plus tard, non-seulement avec ceux du Maroc
et de Tunis, mais encore avec ceux que l'Afrique centrale elle-même pourrait réclamer un jour.

N'oublions jamais que le chemin de fer est la plus remarquable conquête de l'homme dans le temps et dans l'espace, qu'il rapproche tout ce qui est éloigné, qu'il rend possible dans la vie d'un homme ce qui ne l'eût pas été dans celle de plusieurs générations ; oublions encore moins que c'est le plus puissant instrument de civilisation connu ; que, par lui, l'assimilation des Indigènes de l'Algérie n'est plus chose douteuse, et qu'une fois les Arabes et les Berbères de la colonie conquis à la civilisation européenne, ni Tunis, ni le Maroc, ni l'Afrique centrale même ne pourront se soustraire à notre influence.

Mais l'Algérie ne doit pas seulement tourner ses regards vers le continent africain, l'Europe aussi les appelle. A peine un détroit de quelques heures de navigation la sépare de l'Espagne et la force à se considérer comme un appendice de l'Europe occidentale, à laquelle d'ailleurs elle appartient géologiquement et historiquement. Alors, ses voies de fer doivent se combiner avec celles qui se préparent ou s'exécutent dans cette partie du vieux monde. Or, à peine l'Espagne a-t-elle commencé à suivre l'exemple des États voisins que déjà l'Angleterre, logique avec son projet de télégraphe électrique entre l'Europe et l'Inde, songe à un chemin de fer, qui, faisant suite à ceux de France, d'Espagne et d'Algérie, se continuerait par la Tunisie à travers la régence de Tripoli, rejoindrait le rail-way anglo-égyptien d'Alexandrie au Caire et à Suez, et de là gagnerait l'Euphrate pour aboutir au réseau général qui va relier les possessions anglaises dans les deux grandes péninsules de l'Asie méridionale.

Et qu'on ne croie pas que ce projet émane de quelque touriste en veine d'imagination. Non, il a été formulé, il y a moins d'un an, dans un mémoire (1) par M. John Wright, ancien banquier de Londres, l'un des directeurs du chemin de fer de Southampton à Londres. M. Wright promet un large concours des capitalistes anglais à cette grande entreprise.

Préoccupé du côté moral autant que du côté matériel de cette gigantesque, mais réalisable conception, M. John Wright entrevoit comme aliment du rail-way africo-asiatique, indépendamment des voyageurs et des marchandises fournis par les localités traversées, indépendamment des voyageurs et des marchandises de l'Inde en Angleterre et de l'Angleterre dans l'Inde, un nombre considérable de pèlerins musulmans, chrétiens, israélites se rendant par le chemin de fer, les premiers à la Mecque,

---

(1) Paris, imprimerie Bailly, Divry et Cⁱᵉ, place Sorbonne, 2 (1853).

à Médine, à Bagdad, les derniers à Jérusalem, berceau commun des religions juive et chrétienne.

Quoi qu'il en soit de ces vues, qui dépassent notre horizon, ce n'est pas quand, de l'extrême Orient et de l'extrême Occident, les regards se tournent vers notre pays pour en faire le point de transit d'immenses richesses, que les conseils du gouvernement peuvent se borner à examiner s'il y a lieu ou non de créer un chemin de fer entre Alger et Blida, entre Oran et Saint-Denis, entre Arzew et les Salines, entre Philippeville et Constantine.

Non, la question doit être agrandie immédiatement, et en voici les raisons :

Des chemins de fer, restreints à des parcours de 50 à 100 kilomètres, partant de points du littoral où la propriété a autant et même plus de valeur que dans les localités similaires de France, supportant pour un très-faible parcours la charge, toujours très-lourde, de la traversée des villes, coûtent nécessairement, par kilomètre, beaucoup plus qu'un chemin qui répartit ces dépenses exceptionnelles sur un parcours de 1,200 kilomètres.

Des chemins de fer restreints, partant du littoral à 0 mètre au-dessus du niveau de la mer, et allant, en ligne directe, vers des points de l'intérieur beaucoup plus élevés, ont à exécuter, pour racheter les pentes, des travaux hors de proportion avec les produits nécessairement restreints qu'on peut attendre de lignes aboutissant à de véritables impasses.

Des chemins de fer restreints, sur quatre points différents, créés, gérés, exploités par des compagnies distinctes, représentées en Algérie et en France, obligées d'avoir un quadruple matériel de rechange, des ateliers de réparations quadruples, tout quadruple, supportent des frais de gestion et d'exploitation énormes qui inévitablement doivent maintenir les dépenses de circulation à un prix très-élevé.

Ces chemins, s'ils pouvaient être concédés, créés et mis en exploitation, compromettraient, nous n'en doutons pas, par les pertes qu'ils occasionneraient aux actionnaires, par le haut prix qu'ils exigeraient des voyageurs, tout l'avenir de la viabilité par les chemins de fer en Algérie. On ne se rendrait pas compte des causes exceptionnelles produisant des résultats négatifs ; et, de même que, de l'insuccès de l'occupation restreinte, on a été à la veille de conclure à l'abandon de l'Algérie, de même, de l'insuccès d'une viabilité restreinte, on concluerait à l'abandon d'un réseau général de chemins de fer.

Or, s'il y a urgence que la question de viabilité soit posée, nous l'avons démontré, il y a urgence que la question des chemins de fer sorte de l'ornière dans laquelle elle est engagée.

N'oublions pas qu'il doit en être de la viabilité par les chemins de fer comme de l'occupation. Ce n'est que du jour où cette question a été étudiée et résolue dans le sens de l'ensemble que la conquête par les armes est arrivée au point où elle est aujourd'hui. De même, ce ne sera que du jour où la question de viabilité par les chemins de fer sera posée et résolue dans son ensemble, que la conquête par la colonisation marchera du même pas accéléré et continuellement progressif.

§ 5,

LE TRACÉ PAR LA LIGNE CENTRALE DU TELL,

AVEC RATTACHES AUX PRINCIPAUX POINTS DE LA CÔTE,

SATISFAIT A TOUTES LES CONDITIONS QU'ON EXIGE D'UNE ARTÈRE PRINCIPALE,

BASE DE LA VIABILITÉ D'UN PAYS.

Dans la démonstration de cette proposition, procédons avec ordre.

Voyons successivement si le tracé donne satisfaction aux besoins de la *domination*, du *gouvernement*, de l'*administration* et de la *Colonisation agricole, commerciale* et *industrielle*.

Domination, gouvernement et administration.

Sur la ligne médiane du Tell, se trouvent nos principaux centres militaires : Tlemcen, Sidi-bel-Abbès, Mascara, Orléansville, Miliana, Médéa, Aumale, Bordj-Bou-Areridj, Sétif, Constantine, Guelma.

Au sud de la ligne de ces établissements, à l'exception de Batna, il n'y a que des postes-magasins, chefs-lieux des cercles indigènes.

Au nord, tous les centres importants, tous les ports de premier et de second ordre : Oran, Arzew, Mostaganem, Alger, Bougie, Philippeville et Bône sont reliés à la ligne centrale par des embranchements.

Ainsi, le tracé proposé pourvoit à toutes les exigences de la domination, du gouvernement et de l'administration du pays, puisqu'il dessert et relie entre eux tous les établissements au moyen desquels notre pouvoir s'exerce sur les tribus indigènes.

Avec ce tracé, les ordres, les avis, peuvent être transmis d'heure en heure du centre à la circonférence et de la circonférence au centre :

Avec ce tracé, il y a réellement unité algérienne, condition si avantageuse au gouvernement d'un pays;

Avec ce tracé, les troupes peuvent être transportées, dans l'intervalle du matin au soir et du soir au matin, d'une extrémité de l'Algérie à l'autre, sans que, du débarcadère, elles aient une longue marche à fournir pour arriver aux lieux où leur présence serait nécessaire;

Avec ce tracé, les approvisionnements militaires, en vivres, en munitions, en matériel, circulent avec la plus grande rapidité et la plus grande économie;

Avec ce tracé, enfin, la masse des populations indigènes du Tell, tant Arabes que Kabyles, se trouve divisée en deux parties à peu près égales, l'une au Nord, l'autre au Sud de la ligne, et notre action directe et immédiate se fait sentir sur les tribus les plus importantes par le nombre et par l'influence de leurs habitants, ainsi qu'on en pourra juger par l'état ci-dessous, en prenant pour point de départ la province d'Oran.

État des tribus dont le territoire est traversé par le tracé du chemin de fer de la ligne centrale du Tell.

PROVINCE D'ORAN.

Noms des tribus.	Population d'après le recens^t de 1851.	Noms des tribus.	Population d'après le recens^t de 1851.
Zmela.	4,515	Akerma-Gharaba	1,185
Gharaba	6,620	Sahari.	1,200
Ferraga	695	Mekhalia.	3,000
Tallaït.	1,500	Mehal.	650
Atba	570	Ouled-Ahmed	250
Oukla.	860	Hall-Ahmed-ben-Sultan	348
Boten-el-Oued	581	Akerma-Cheraga	3,200
Sedjerara.	1,484	Ouled-Khouidem	1,200
Bordjia	4,739	Total	32,597

PROVINCE D'ALGER.

Noms des tribus.	Population	Noms des tribus.	Population
Sbéa du Sud.	4,266	Zmoul.	2,392
Ouled-Kosseir	10,885	Hachem	3,207
Attaf.	9,698	Gherib	3,380
Beni-Bou-Rached	3,003	Ouamri	2,660
Beni-Zoug-Zoug.	9,378	Mouzaïa	2,350
Beni-Ahmed.	3,403	Soumata.	4,066
Djendel	4,149	Hadjoutes	4,082

Noms des tribus.	Population d'après le recensᵗ de 1851.	Noms des tribus	Population d'après le recensᵗ de 1851.
Beni-Khellil	5,697	Beni-Sliman	23,840
Beni-Mousa	4,453	Beni-Djaad	14,038
Hanencha.	884	Arib	2,869
Righa	3,500	Ouled-si-Ameur	865
Beni-Assen	2,798	Ouled-Bellil	432
Abid	3,000	Beni-Meddour	1,121
Ouled-Hellal.	1,411	Beni-Iala	1,770
Ouled-Anteur	1,855	Mechdalla	4,904
Ouled-Hamza	296	Beni-Mansour	663
Douair	3,130	Cherfa.	300
Ouled-Hedim , . . .	515	Beni-Mellikeuch. . . .	2,100
Rbcïa	4,065	Hall-el-Ksar	967
Ouled - Sidî - Ahmed - ben-Iousef	1,260	Sebkha	825
		Total . .	154,447

PROVINCE DE CONSTANTINE.

Ourzellaguen	1,850	Ouled-Abd-en-Nour . .	18,495
Beni-Ourlis d'en bas . .	5,500	Telaghma	6,339
Aït-Mansour.	1,600	Azel	58,200
Fenaïa	4,046	Zenaitia	1,156
Bou-Nedjdamen. . . .	393	Taïa	491
Ouled - Sidi - Mohammed - Amokran	952	Selib	511
Mezzaïa	4,518	Beni-Addi	978
Beni-Ougzag.	480	Zerdeza	6,560
Ouled-Sidi-Ali-ben-Iaia	1,440	Oulaza	671
Slatna.	586	Elma	564
Mzita	2,760	Djendel	706
Hachem	6,246	Tebica	250
Ouled-si-bou-Nab . . .	200	Khoualed.	280
Cedrata	700	Ouled-Atia	740
Amer-Gharaba	13,700	Khareza	1,202
Eulma.	3,250	Radjeta	1,687
Oued-Bou-Slah	2,175	Beni-Mehenna	9,021
		Total . .	158,247

Récapitulation.

Province d'Oran	32,597
— d'Alger	154,447
— de Constantine. . .	158,247
Ensemble . .	345,301

La population des tribus du Tell algérien comprenant, savoir :

Province d'Oran.	. . .	340,600 âmes.
— d'Alger.	. . .	583,762
— de Constantine.	. .	920,679
Total.	. . . . .	1,845,041

et le tracé du chemin de fer de la ligne centrale du Tell traversant le territoire de tribus qui entrent dans ce chiffre pour 345,301 âmes, on voit
que le pays tout entier est dominé, car le restant de la population indigène, qui ne subit pas l'influence du contact immédiat de cette grande artère, ne s'en trouve pas éloigné d'une distance moyenne de plus d'une
bonne journée de marche.

Et tels sont les avantages obtenus, à ce point de vue, que l'effectif de
l'armée d'occupation peut être diminué dans une proportion considérable
sans que notre autorité sur les populations indigènes puisse en souffrir.

Provisoirement, les subdivisions de Mascara, de Sidi-bel-Abbès, de Tlemcen restent en dehors du chemin projeté, parce qu'il importe avant tout de
mettre en communication les chefs-lieux des provinces avec la Capitale,
l'intérieur avec le littoral; mais leurs territoires entrent dans le cadre du
réseau général, et, comme aucun obstacle naturel ne s'oppose à ce qu'ils
profitent de l'avantage de la viabilité par chemin de fer, la solution n'est
qu'ajournée pour eux.

Colonisation agricole.

Pour faire apprécier les services que le réseau proposé peut rendre à la
Colonisation agricole, nous croyons utile d'énumérer par provinces les
centres civils appelés à en profiter, avec indication du chiffre de leur
population, en distinguant entre ces centres ceux qui en sont bénéficiaires
directs et ceux qui en sont bénéficiaires indirects.

État des centres civils européens appelés à bénéficier du chemin de fer.

PROVINCE D'ORAN.

BÉNÉFICIAIRES DIRECTS.		BÉNÉFICIAIRES INDIRECTS.	
Centres.	Population au 31 déc. 1852	Centres.	Population au 31 déc. 1852
Oran	28,617	Sidi-bel-Abbès	1,838
La Sénia	405	Fermes environnantes. .	921
Le Figuier (Valmy) . .	381	Mascara	10,616
Le Tlelat (Ste.-Barbe) . .	142	Saint-Hippolyte. . . .	33
Fermes environnantes. .	184	Saint-André	158
Saint-Denis-du-Sig . . .	872	Oued-el-Hammam . . .	10
L'Union et fermes environ-		Ben-Ikhlef	11
nantes.	162	Tiaret	603
Sidi-bel-Acel.	4	Saïda	305
Ammi-Mousa . . .	146	Mostaganem (ville). . .	11,282
Total . .	30,913	id. (banlieue) .	5,175
		Total . .	30,952

PROVINCE D'ALGER.

BÉNÉFICIAIRES DIRECTS.		BÉNÉFICIAIRES INDIRECTS.	
Alger	57,637	Kouba.	932
Hussein-Dey	1,121	Rassauta	554
L'Arba	546	Fondouck	1,359
Rovigo	292	Beni-Méred	868
Boufarick . . .	1,601	Ameur-el-Aïn	144
Souma		Bourkika	481
Dalmatie	414	Marengo	587
Montpensier	177	Zurich	175
Joinville	145	Cherchell	4,082
Blida	15,517	Novi	306
Chiffa	116	Bou-Medfa	194
Mouzaïa-ville	360	Aïn-Bénian	497
Afroun	398	Montenotte	488
Mouzaïa-mines	157	Ténès.	3,273
Médéa	9,783	Teniet-el-Had	727
Lodi	407	El-Aghouat	
Damiette	683	Dra-el-Mizan.	162
Boghar	889	Total . .	14,889
Aïn-Sultan	497		
Affreville	1,441		
Miliana	6,864		
Orléansville	3,755		
La Ferme (Ponteba) . .	434		
Aumale	2,798		
Total . .	106,032		

PROVINCE DE CONSTANTINE.

BÉNÉFICIAIRES DIRECTS.		BÉNÉFICIAIRES INDIRECTS.	
Centres.	Population au 31 déc. 1852	Centres.	Population au 31 déc. 1852
Bougie	3,742	Bouçada	3,567
Bordj-Bou-Aréridj . . .	416	Batna	2,450
Compagnie génevoise . .		Lambessa	1,512
Aïn-Sfia	203	Biskra	1,762
Sétif	5,687	Tebessa	1,353
Atmenia		Mondovi	386
Constantine (ville et banl.)	41,448	Barral.	327
Medjez-Ammar	375	El-Arrouch	837
Guelma (ville)	2,518	Gastonville	353
Héliopolis	366	Robertville	291
Millesimo.	258	Sidi-Nasser	46
Petit	186	Ahmed-ben-Ali. . . .	77
Jemmapes	568	Total . .	12,961
Saint-Charles	103		
Damrémont	64		
Valée	104		
Saint-Antoine	82		
Philippeville.	6,416		
Bône	15,663		
Total . .	78,199		

Récapitulation.

	Bénéficiaires directs.	Bénéficiaires indirects.
Province d'Oran	30,913	30,952
— d'Alger	106,032	14,929
— de Constantine. .	78,199	12,961
Total . .	215,144	58,842
Ensemble . .	273,986.	

Le chiffre total de la population civile européenne et indigène assimilée étant, au 31 décembre 1852, de 325,234 âmes, cette énumération démontre que la très-grande majorité de cette population bénéficie, soit directement, soit indirectement du réseau proposé.

Ce résultat, déjà important, n'est rien en comparaison des immenses espaces que le tracé ouvre à des agglomérations nouvelles de population ; ainsi, pour ne citer que les plaines et les vallées, voici, de l'Ouest à l'Est, les contrées nouvelles que la création du chemin de fer rendrait accessibles à la colonisation européenne :

État des plaines et vallées ouvertes à la colonisation par le chemin de fer.

PROVINCE D'ORAN.

	hectares.		hectares.
Plaine de Mleta . . .	65,000	Vallée et plaine de la Mina .	15,000
— de Tlélat ⎫		— — du Chelif	
— du Sig ⎬ . . .	80,000	inférieur . . .	75,000
Vallée de l'Habra ⎭		Total . .	248,500
— de l'Hillil . . .	13,500		

PROVINCE D'ALGER.

	hectares		hectares
Vallée de l'Harbil . . .	1,000	Vallée de l'Oued-el-Ham-	
— du Bou-Roumi supér.	5,000	mam	4,000
— de l'Oued-el-Had .	2,000	— de l'Oued-Chair . .	1,000
— du Chélif supérieur	40,000	Plaine des Beni-Sliman. .	35,000
Plateau du Sersou (pour		— des Arib ou du Ham-	
mémoire).		za.	10,000
Vallée de l'Oued-el-Ha- ⎫		Total . .	110,000
koum . . . ⎬	12,000		
— de l'Oued-Sagrouan ⎭			

PROVINCE DE CONSTANTINE.

	hectares		hectares
Vallée de l'Oued-Sahel. .	260,000	Vallée de l'Oued-Zenati .	28,000
Plaine de la Medjana . .	80,000	— de la Seibouse su-	
— de Sétif	90,000	périeure . . .	7,500
Vallée du Haut-Roumel .	160,000	Vallée et plaine de l'Oued-	
— du Bou-Merzoug .	10,000	Radjeta	40,000
— du Berda. . . .	2,500	Plaine de Bône (part. Ouest)	60,000
— de Méhéris . . .	3,000	Vallée de l'Oued-el-Aneb .	5,000
— de Hammam - Mes-		Total . .	747,800
khoutin . . .	1,800		

Récapitulation.

Province d'Oran	248,500	hectares.
— d'Alger.	110,000	—
— de Constantine . .	747,800	—
Total . .	1,106,300	hectares

Sans compter le plateau du Sersou dont la superficie disponible double au moins cette étendue.

Dans cette énumération se trouve tout ce que l'Algérie a de plus beau en terres fertiles et salubres (1), et, grâce au chemin de fer, en couvrant ces contrées de villages européens, l'habitant de ces nouveaux centres ne serait pas à une plus grande distance des ports d'importation et d'exportation, des marchés principaux, que le colon le plus favorisé aujourd'hui.

Par l'ouverture de ces riches contrées à la colonisation européenne, se trouve réalisé, et en de meilleures conditions, le projet du maréchal Bugeaud, d'établir au centre du Tell, de la frontière du Maroc à celle de Tunis, une ligne continue d'établissements coloniaux, projet repoussé par les Chambres en 1845, non que sa valeur fût contestée, mais parce qu'il mettait sa réalisation à la charge exclusive de l'État, ce qui eût nécessité pour ce dernier une dépense de 400 millions.

Aujourd'hui, au moyen du chemin de fer projeté, la colonisation de la ligne centrale du Tell, désirée par le maréchal Bugeaud, devient non-seulement possible, mais facile même, et cela sans exiger aucune subvention directe du gouvernement.

Colonisation commerciale.

Pour la *colonisation commerciale*, les avantages sont dans les mêmes proportions.

Voici, toujours de l'Ouest à l'Est, la liste des marchés indigènes sur lesquels le chemin de fer permettrait au commerce européen de se présenter périodiquement, en admettant qu'une circulation plus facile ne modifie pas l'existence de ces marchés, et n'appelle pas autour des gares ceux qui se tiennent à quelque distance à droite ou à gauche de la ligne.

Il est bien entendu que nous ne tenons compte que des *marchés* importants.

État des marchés indigènes ouverts au commerce européen par le chemin de fer.

[PROVINCE D'ORAN.

Marché du Tlélat . . .	Lundi.	Marché de la plaine de Gâa	
— de l'Habra . . .	Jeudi.	(Chelif) . . .	Dim.
— de la Mina . . .	Jeudi.	— des Ouled-Kroui-	
— de Saint-Denis-du-		dem	Mercr.
Sig	Dim.	— dés Ouled-Abbès .	Mercr.

(1) Sur la ligne du Tell, la mortalité est, d'après les derniers relevés publiés par le Gouvernement, de :

1,76 pour 100 à Tlemcen,   2,81 pour 100 à Muscara,

PROVINCE D'ALGER.

Marché de l'Oued-Isli . .   Jeudi.
— des Ouled-Koceïr.   Jeudi.
— de l'Oued-Fodda .   Lundi.
— de l'Oued-Rouina   Jeudi.
— de Djendel . .   Mercr.
— des Grib . . .   Vendr.
— de l'Ouamri . .   Jeudi.
— des Hadjoutes. .   Samedi.
— de Boufarick . .   Lundi.
— de Beni - Moussa
   (vill. de l'Arba).   Mercr.
— des Righa . . .   Dim.
— des Matmata . .
— de Boghar. . .

Marché du Ksar - el - Bou-
   khari. . . .
— des Douars du Ti-
   teri . . . .   Mardi.
— des Rbeïa . . .   Dim.
— des Ouled-Elan .   Vendr.
— des Adaoura . .   Jeudi.
— des Ouled-Nahar .   Mardi.
— de Berouaguia .   Lundi.
— des Beni-Sliman .   Mercr.
— des Arib . . Lundi, vendr.
— des Ouled-Bellil .   Samedi.
— des Beni-Mansour

PROVINCE DE CONSTANTINE.

Marché des Beni-Abbès. Lundi, merc.
— des Illoula . . .   Lundi.
— des Beni-Immel .   Dim.
— des Fenaïa. . .   Lundi.
— des Ouled-Tamzalt   Samedi.
— des Beni-Bou-Me-
   saoud . . .   Mercr.
— des Mzita . . .   Mercr.
— de Bordj-Bou-Are-
   ridj . . . .   Dim.

Marché du Kseur-el-Theïr.   Dim.
— de Sétif. . . .   Dim.
— de Bordj-Mamra .
— d'El-Atmenia . .
— de Constantine. Tous les jours
— des Amer-Chera-
   ga. . . . .
— de Sidi-Tamtam .   Lundi.
— de Guelma. . .
— de Fondouck . .

Aujourd'hui, sur ces marchés, on ne trouve guère que les denrées les plus usuelles, les produits nécessaires à ceux qui les fréquentent ; mais vienne un élément jusque là étranger, le commerçant européen, avec des demandes ou des offres nouvelles, avec des facilités de transport inconnues jusqu'à ce jour, et Dieu seul sait ce qu'offrira l'Indigène ; Dieu seul sait ce qu'il demandera. Tout deviendra pour lui matière ou objet de commerce, depuis la denrée la plus riche jusqu'aux haillons de ses vêtements.

2,56 pour 100 à Milliana,		1,60 pour 100 à Médéa,	
1,66	— Sétif,	2,23	— Guelma.

Sur le littoral algérien, elle est en moyenne de 4,55 pour 100.

A Paris, la mortalité est de 3,28 sur 100 habitants.

Colonisation industrielle.

Quel que soit, au surplus, l'essor promis à la colonisation agricole et à la colonisation commerciale sous l'impulsion des chemins de fer, il ne peut être comparé à celui qui semble réservé à la *colonisation industrielle*, car, en matières premières : bois, minerais, marbres, argiles, gypses, etc., etc., l'Algérie offre d'immenses ressources.

On en jugera par les tableaux suivants :

Forêts.

PROVINCE D'ORAN.

Noms des forêts.	Superficie. hectares.	Peuplement.
Forêt de Moulei-Ismaël . .	14,000	chêne vert, olivier, lentisque, thuya.
— de l'Habra	1,600	tamarin.
— de l'Oued-el-Hammam .	9,000	thuya, pin d'Alep, olivier, chêne vert, lentisque.
— de l'Argoub et d'Ennaro	10,000	pin d'Alep, chêne vert, thuya.
— de la Mina.	600	sumac thezera et lentisque.
Total . .	35,200	hectares.

PROVINCE D'ALGER.

Noms des forêts.	Superficie.	Peuplement.
Forêt des Beni-Ouragh . . — de l'Ouenseris . .	102,000	pin d'Alep, thuya, cèdre.
— de Teniet-el-Had. . .	3,000	cèdre, chêne-liége, chêne zéen, genévrier.
— de l'Oued-Derder . .	9,000	chêne à glands doux, frêne, pin d'Alep, pistachier.
— de l'Oued-Djer { Kareza / Zenakha	9,200	olivier, lentisque, tamari phylliréa.
— du Mazafran	1,400	orme, frêne, chêne à glands doux, pin d'Alep, lentisque, olivier, myrte.
— de l'Oued-el-Harbil. .	400	olivier, lentisque.
— de Berouaguia . . .	1,000	chêne à glands doux, genévrier, olivier.
— des Ouled-Hellal . . — des Ouled-Anteur. . — des Beni-Sliman.	76,300	pin, genévrier, chêne vert, châtaignier.
— du Dira	48,000	pin, genévrier, chêne vert, châtaignier.
Total . .	250,300	hectares.

PROVINCE DE CONSTANTINE.

Forêt de l'Oued-Sahel. . .	10,000	chêne, olivier.
— de l'Ouennougha . .	8,000	chêne, genévrier.
— des Ouled-Khellouf . .	6,000	chêne vert, genévrier.
— de la Medjana . . .	10,000	chêne vert.
— du Bou-Taleb. . . .	38,800	cèdre, chêne vert, genévrier.
— du Bel-Lezma. . . .	8,000	cèdre, chêne à glands doux, genévrier.
Forêts du Taïa et du Debbagh.	14,000	chêne zéen, chêne-liége, olivier, lentisque.
— de l'Oued-Cherf . . .	30,000	olivier, lentisque, chêne zéen, pistachier.
— de la Mahouna . . .	26,000	olivier, lentisque, chêne zéen, pistachier.
— des Beni Salah . . .	10,500	chêne zéen et chêne-liége.
— de l'Edough	29,000	chêne-liége, chêne zéen, châtaignier, orme, frêne, pin maritime.
— du Filfila	2,600	chêne-liége, chêne zéen, olivier, lentisque.
Total . .	192,900	hectares.

Récapitulation.

Province d'Oran	35,200	hectares.
— d'Alger	250,300	—
— de Constantine . .	192,900	—
Total . .	478,400	hectares.

Ces forêts ne sont pas seulement riches en bois, mais elles fourniront encore en abondance des résines, des tans, des liéges, des gommes, etc.

En outre, indépendamment d'un commerce d'exportation considérable qu'elles pourront alimenter, elles donneront lieu à un commerce local important, car, sur le parcours du chemin de fer, il y a de vastes contrées entièrement nues, dont les habitants s'estimeront désormais heureux de pouvoir acheter, même à un prix élevé, une matière première dont ils étaient totalement privés.

Mines.

Salines d'el Melah, près d'Arzew, sel cristallisé.

Mines de l'Ouenseris, plomb, argent, antimoine, ardoise, zinc.
— de Miliana, cuivre, fer.
— de Boghar, plomb argentifère, soufre.
— de Mouzaïa, cuivre, fer.
— de l'Oued-el-Kebir, cuivre.
— de Souma, cuivre, plomb argentifère, antimoine.

Salines des Ouled-Deïm et des Rbeïa, sel.

Mines de Djelfa, sel gemme.
— de l'Oued-Sahel, cuivre, fer.

Mines de l'Ouennougha, fer.
— du Bou-Taleb, plomb.
— du Sra de Milah, sel gemme.
— de Sigus, asphalte.
— d'Aïn-en-Nahs, cuivre.
— de Sidi-Rgheïs, antimoine.
— du Taïa, mercure, cuivre et fer, antimoine.
— du Fedjouj, antimoine, zinc, plomb, mercure.
— de la Mahouna, plomb argentifère, cuivre.
— de l'Edough, fer, cuivre.
— de Jemmapes, or.
— du Filfila, fer, plomb, cuivre.

sans compter celles beaucoup plus nombreuses, qui sont encore inconnues et que la création d'un chemin de fer contribuera à faire découvrir.

Marbres.

Des marbres de qualités et de mérites différents ont été signalés sur divers points du parcours du chemin de fer proposé, notamment dans la province de Constantine, au Cap de Garde, au Filfila, à Guelma, à Feudj-Bou-Gareb, chez les Segnia, à Constantine, à Souagui-el-Hamra, à Sétif, à Ras-el-Oued-Bou-Sellam, etc. Plusieurs de ces marbres pourraient donner lieu à des exploitations considérables, si les moyens de transport devenaient faciles et économiques.

Gypses.

Des gisements de gypse ont été signalés sur le tracé du chemin : dans la province d'Oran, à Tafaraoui, à Sirate et au Sig ; dans celle d'Alger au bois des Oliviers et près de Médéa, au Djebel Rethal et au Djebel Tarara-graguet ; dans la province de Constantine, au Chettaba, à Guelma et à Nechmeïa ; mais il n'est pas douteux que ce ne soit là qu'une très-faible partie de la richesse gypseuse du pays.

Argiles.

Ce produit est tellement abondant sur tous les points, que nous renonçons à indiquer les localités où on le trouve ; quelques gisements sont pro-pres aux travaux céramiques les plus perfectionnés.

Chutes d'eau.

Enfin, nous avons à compléter cette longue liste de ressources indus-trielles en signalant un des caractères importants des cours d'eau de l'Al-gérie, celui de fournir à chaque pas, surtout dans les régions élevées, des chutes d'une grande force et qui peuvent remplacer avantageusement, dans beaucoup de cas, la puissance de la vapeur.

Voilà déjà de grands intérêts auxquels le tracé par la ligne centrale du Tell donne satisfaction ; à tous ces avantages il en joint d'autres plus pré-cieux encore, ceux d'être d'une exécution facile et peu coûteuse, et de se prêter, dans les mêmes conditions, à toute l'extension désirable.

Facilités d'exécution.

Au premier aspect, l'Algérie semble un pays de montagnes inextricables comme la Suisse, et, par conséquent, peu favorable à l'établissement de chemins de fer ; mais quand on l'étudie plus attentivement, on ne tarde pas à constater que ce chaos apparent obéit à des lois régulières de forma-tion, et qu'en subordonnant à ces lois naturelles le tracé d'un réseau de chemins de fer, on arrive à ne pas rencontrer plus d'obstacles que dans les pays uniformément plats, comme en Belgique, par exemple.

Là est le secret des facilités d'exécution que nous constatons :

Le Tell algérien, seule partie dont la viabilité doive nous préoccuper en ce moment, présente deux chaînes parallèles au rivage :

L'une, celle du Nord, dirigée E.-N.-E.

L'autre, celle du Sud, dirigée E.-S.-E.

Dans l'intervalle, que laissent entr'elles ces deux chaînes parallèles, règne une succession de plaines et de plateaux, orientés E.-O., dont le caractère dominant est une hauteur considérable au-dessus du niveau de la mer.

Cette harmonie générale de deux chaînes parallèles, séparées par une succession de plaines et de plateaux très-élevés, n'est interrompue que par quelques chaînons perpendiculaires orientés N.-N.-E., dont le caractère principal est d'être très-peu saillants au-dessus du niveau des parties pla-nes du centre du Tell.

Cela étant, pour avoir un tracé d'exécution facile, il n'y a qu'à lui donner la direction générale E.-O. des plaines et des plateaux, et qu'à utiliser la direction N.-N.-E. des chaînons perpendiculaires aux deux grandes chaînes parallèles à la mer, pour diriger des embranchements vers le littoral et vers le Sahara ; c'est ce que nous avons fait. C'était d'ailleurs la seule chose à faire, car en dehors des chemins obéissants à cette loi naturelle, il n'y a que des difficultés à peu près insurmontables.

Il existe encore une autre circonstance importante qui explique la grande facilité d'exécution de notre tracé, c'est que, dans son adoption, nous n'avons pas été dominés, comme on l'a été en France, en Belgique, en Angleterre, par la nécessité d'aller chercher de grands centres de population là où il avait plu à la fantaisie de l'homme de les placer.

Dans un pays neuf, où ce qui est n'est que peu de chose, par rapport à ce qui sera, nous n'avions envers le pays qu'un seul devoir à remplir, celui d'éviter les obstacles qui pourraient faire ajourner indéfiniment la solution de la question de viabilité que nous posons.

Nous n'entrerons pas ici, pour convaincre de la facilité d'exécution de ce projet, dans des détails qui trouveront leur place dans une autre partie de ce travail. Il nous suffira de faire observer que, sur un parcours de 1,200 kilomètres, *notre voie n'offre que 1,000 mètres de tunnels;* que nos pentes ne dépassent pas la bonne moyenne des meilleurs chemins de fer ; enfin que, sur toute la ligne, le pays nous donne, en excellente qualité, tous les matériaux de construction dont nous pouvons avoir besoin.

Facilités d'extension.

Après ce que nous venons de dire est-il nécessaire d'ajouter qu'en subordonnant aux lois naturelles qui nous ont servi de guide, toutes les lignes de chemins de fer que l'avenir pourrait réclamer, comme complément de celle dont nous demandons la concession, on restera dans les mêmes facilités d'exécution ?

Ainsi, dans l'Ouest, en rentrant par la vallée du Chélif dans le système général des plaines et des plateaux du centre du Tell, on arrive à Mascara par la plaine d'Eghrès, à Sidi-bel-Abbès par la plaine de Mekerra, à Tlemcen et à la frontière marocaine par une série non-interrompue de plateaux d'une hauteur moyenne de 400 mètres au-dessus du niveau de la mer.

Dans l'Est, par la plaine de Tamlouka et celles des pays des Haracta et

des Hanencha, nous gagnons sans difficultés Tebessa, et de Tebessa, en des-
cendant par des pentes douces au golfe de Gabès, nous trouvons un littoral
plat qui nous conduit par la Tripolitie au chemin de fer anglo-égyptien
d'Alexandrie, premier anneau de la grande chaîne qui doit relier entr'elles
les trois parties du vieux monde.

Dans le Sud, mêmes facilités : par la partie supérieure de la vallée du
Chélif, par la vallée de l'Oued-Kseub, par la coupure de Batna, les immenses plaines sahariennes peuvent être reliées au chemin de fer de la
ligne centrale du Tell.

Le tracé que nous proposons satisfait donc à tous les besoins, à toutes
les prévisions ; insister sur ce point serait superflu, car il est le seul possible comme ligne générale.

§ 6.

LE CONCOURS MUTUEL DE L'ÉTAT ET D'UNE COMPAGNIE EST INDISPENSABLE POUR L'EXÉCUTION DU RÉSEAU PROPOSÉ.

Avant de quitter le champ des considérations générales à l'appui du
projet et de la demande que nous soumettons au Gouvernement, nous avons
à examiner si l'État ou une compagnie isolés l'un de l'autre, peuvent entreprendre de doter l'Algérie d'un réseau général de chemins de fer, ou si leur
concours mutuel n'est pas indispensable.

Poser cette question c'est la résoudre.

L'État, seul chargé de la construction des routes jusqu'à ce jour, n'a
encore pu, avec les ressources restreintes du budget, avec un personnel et
un matériel nécessairement insuffisants, malgré la meilleure volonté et les
plus grands efforts, dépasser la limite des besoins les plus urgents. Seul, il
ne peut donc songer à entreprendre le réseau général que nous proposons.

Il ne l'a pu entreprendre en France, et nous trouvons dans l'accueil fait
aux compagnies d'Alger à Blida, de Philippeville à Constantine, d'Arzew
aux Salines, la preuve qu'il ne veut pas se charger de ce fardeau en Algérie.

Mais, dans un pays où l'État est tout, où pour la plus petite entreprise,
le concours et l'intervention de l'administration sont nécessaires, nous
nous demandons si une compagnie peut, comme en France, entreprendre
une ligne de chemins de fer de 1,200 kilomètres à travers des contrées
encore administrées militairement, sans le concours intéressé de l'État.

Nous ne le pensons pas. Nous croyons fermement au contraire qu'il doit y avoir concours mutuel, mais parfaitement défini, parfaitement tranché pour qu'il n'y ait ni conflits, ni intérêts opposés : c'est pourquoi, par exception à ce qui a été fait en France et ailleurs, notre projet a un caractère mixte, indispensable au succès de l'entreprise. Au surplus, nous offrons à l'État tout ce que nous pouvons lui offrir et garantir, nous ne lui demandons que ce qu'il peut nous donner et que nous n'avons pas à notre disposition. Dans ces limites, il n'y a qu'avantages réciproques et nul danger à la solidarité que nous proposons.

CHAPITRE II.

JUSTIFICATION DES AVANTAGES SPÉCIAUX

RÉCLAMÉS DANS LA DEMANDE DE CONCESSION (1).

———

§ 1.

GARANTIE D'UN MINIMUM D'INTÉRÊT.

Sa légitimité.

Quoique nous nous proposions d'établir notre ligne au plus bas prix possible, son étendue étant de 1,200 kilomètres, il nous faudra cependant un capital considérable. Ce capital la colonie ne l'a pas : il sera donc nécessaire qu'elle le cherche au dehors, et le demande à des personnes auxquelles la seule promesse de bénéfices, si grands qu'ils soient, ne suffira pas, puisqu'elle n'a pas suffi en France, ainsi que l'atteste le dernier rapport de M. le ministre des travaux publics inséré au *Moniteur universel* du 2 février 1854 :

« Tous les chemins de fer qui ont été accordés par le précédent gouver-
» nement jusqu'à la révolution de Février, dit ce rapport, ont coûté à
» l'État, en moyenne, déduction faite des sommes remboursées par les
» Compagnies, 102,482 francs par kilomètre.

» Les chemins concédés depuis la révolution de Février jusqu'au 2 dé-
» cembre ont coûté à l'État, en moyenne, 198,910 francs par kilomètre.

» Les chemins concédés depuis le 2 décembre 1851 jusqu'au 31 décembre
» 1852 ont coûté à l'État, en moyenne, 102,061 francs par kilomètre. »

Et ce, indépendamment de la garantie d'un minimum d'intérêt accordée à plusieurs chemins, surtout dans ces dernières années.

Des termes mêmes de ce rapport, il résulte que l'État a concouru pour

———

(1) Dans cet exposé des motifs, nous suivrons l'ordre d'importance des conditions énoncées dans la demande.

une large part à la création des chemins de fer métropolitains, d'abord par des prêts, puis par des travaux, ensuite par des allocations et des subventions, et qu'enfin la garantie d'un minimum d'intérêt a été substituée au concours direct : au grand avantage de l'État, puisque les 2,134 kilomètres de chemin de fer concédés en 1853 ne lui imposent qu'une charge moyenne de 20,909 francs par kilomètre ; au grand avantage des Compagnies, car jamais elles n'avaient trouvé aussi facilement des capitaux, jamais elles n'avaient donné une impulsion aussi active à leurs travaux.

Ce qui a été reconnu nécessaire en France l'est à plus forte raison pour l'Algérie, et le résultat obtenu dans la métropole par la garantie d'un minimum d'intérêt, le sera également dans la colonie.

Cette garantie est purement nominale.

Jusqu'à ce jour, les chemins de fer français auxquels la garantie d'un minimum d'intérêt a été accordée ayant produit des revenus supérieurs au minimum garanti par l'État, ce dernier n'a encore été tenu au service d'aucun intérêt ; et, comme les produits des chemins augmentent d'année en année dans une proportion considérable, au fur et à mesure de l'achèvement des lignes, il y a presque certitude que les compagnies concessionnaires n'auront jamais à réclamer le bénéfice de cette garantie.

En Amérique, où la garantie des États ou des municipalités est plus anciennement en usage, et où les chemins de fer fonctionnent depuis plus longtemps qu'en France, il est sans exemple que cet engagement moral soit devenu une charge matérielle pour ceux qui l'avaient contracté.

Il en sera de même en Algérie, nous en sommes convaincus, d'abord parce que nos chemins de fer coûtant beaucoup moins qu'en Europe, l'intérêt du capital à servir sera beaucoup moins considérable, ensuite parce que nos chemins de fer n'ayant à redouter ni la concurrence d'autres chemins, ni celle des routes, ni celle des canaux, il y a grande présomption que les revenus s'élèveront à un chiffre de beaucoup supérieur à celui du minimum d'intérêt dont la garantie est demandée.

Mais nous allons plus loin : y eût-il certitude que les chemins de fer algériens fussent pendant longtemps réduits à ne couvrir que les frais d'exploitation, et que, par suite, l'État fût obligé de servir pendant dix et même vingt ans le minimum d'intérêt demandé, nous estimons que l'État ferait une excellente affaire en soldant à ce taux les services que le chemin de fer lui rendrait, services qui d'une part se traduisent en une diminution considérable de dépenses, et d'autre part en une augmentation importante de recettes, indépendamment des avantages indirects qu'il en tirerait au point de vue de la colonisation.

Les chiffres suivants le prouvent avec la plus éclatante évidence :

Économies réalisables annuellement.

Sur l'effectif de l'armée d'occupation.	10,000,000 fr.
Sur l'entretien des troupes	2,000,000
Sur les travaux publics.	1,000,000
Sur les transports à la charge de l'État.	2,000,000
Sur les paquebots de la correspondance de la côte.	2,000,000
Sur les travaux de création et d'entretien des routes (*pour mémoire*).	» »
Sur le service des postes (*id.*)	» »
Sur le service télégraphique (*id.*)	» »
Total.	17,000,000 fr.

En effet, avec un réseau de chemins de fer qui permet le transport des troupes, à de très-grandes distances et en très-peu de temps, au centre même des pays occupés par les Indigènes, l'effectif peut être réduit dans une proportion notable sans que la puissance de l'armée soit diminuée. Porter à 10,000 hommes la réduction possible, c'est rester encore bien au-dessous des probabilités (1).

Avec un réseau de chemins de fer portant à très-bas prix et où besoin sera tout ce que l'armée consomme, il y a lieu d'espérer une économie de 10 p. 100 sur son entretien, et cette économie ne peut pas être estimée à moins de 2 millions par an.

Avec une circulation plus prompte et plus facile des matériaux employés

(1) Il est évident, en effet, que cette réduction, dans tous les cas entièrement facultative, ne représente qu'un extrême minimum et pourrait être beaucoup plus considérable.

Sans parler de l'effet moral inévitablement produit sur l'imagination superstitieuse des Indigènes par l'exécution d'une pareille entreprise ; avec un moyen de locomotion aussi énergique qu'un chemin de fer, qui séparerait le Tell du Sahara, couperait en deux les tribus arabes et rayonnerait au sein de toutes les localités principales de l'Algérie ; dont chaque station serait un poste et ne tarderait pas à devenir un centre important de population ; qui donnerait à l'émigration européenne, et par conséquent au peuplement du sol, un essor inconnu jusqu'à ce jour ; qui, à l'aide du merveilleux auxiliaire de la télégraphie électrique, ferait instantanément connaître ce qui se passerait sur tous les points dans les travaux, tant civils que militaires, exécutés pour le compte de l'État, matériaux dont la valeur est souvent doublée par les prix de transport, on peut facilement prévoir une réduction de 15 p. 100 sur le coût de ces travaux, et cette réduction s'élèvera bien certainement au chiffre d'un million annuellement.

Nous avons démontré surabondamment qu'il y avait une différence de 50 p. 100 au profit des transports de marchandises par les chemins de fer ; conséquemment, estimer à 2 millions l'économie totale qui sera réalisée par l'État sur ses transports, c'est rester au-dessous du chiffre probable.

Au moyen d'une ligne de chemins de fer mettant Alger en communication journalière avec les principaux points de la côte et de l'intérieur, le service des paquebots de l'État faisant le courrier des provinces d'Oran et de Constantine devient nécessairement inutile ; et certes, en comptant toutes les dépenses que nécessite ce service, on verra que nous sommes bien loin d'exagérer en portant cette économie à 2 millions.

Quant aux routes que le chemin de fer remplace, il est de toute évidence qu'il y a là la première et la plus importante des économies. En France, en effet, toutes les routes sont à peu près terminées ; en Algérie, au contraire, toutes les routes sont presque à créer. L'ouverture du chemin de fer supplée avantageusement à cette énorme dépense (1).

De même, pour les services des postes et des télégraphes, il est incontestable que l'établissement du réseau de chemins de fer projeté y apportera de grandes modifications, qui se traduiront en avantages importants

---

du pays ; qui décuplerait la rapidité des mouvements de l'armée et la rendrait pour ainsi dire présente dans tous les lieux à la fois ; il est certain que 25 à 30,000 hommes de troupes suffiraient pour assurer la sécurité générale au moins aussi complétement que les 80,000 entretenus encore aujourd'hui en Algérie.

Dans cette hypothèse, ce serait : pour le budget, une économie annuelle de près de 50 millions ; pour la France, la libre disposition d'une armée de 50,000 hommes.
Note de la Rédaction des Annales.

(1) La viabilité de la France a coûté *plusieurs milliards;* la viabilité de l'Algérie coûterait des *centaines de millions.* Le chemin de fer projeté exonère l'État d'une grande partie de cette dépense.

Les routes occupées par le tracé du chemin de fer exigeraient à elles seules pour leur exécution, dans de bonnes conditions de solidité et de durée, un capital dont l'intérêt combiné avec les frais d'entretien annuels représenteraient au-delà de 50 p. 100 de la garantie du minimum d'intérêt demandée. Et cependant, à quelque point de vue que l'on se place relativement aux résultats, quelle prodigieuse différence !...
Note de la Rédaction des Annales.

pour la société, en économies notables pour l'État, économies que nous ne pouvons apprécier et que nous faisons figurer ici pour mémoire seulement.

Accroissement annuel du revenu public.

En Europe, dans tous les États à chemins de fer, les revenus publics ont augmenté annuellement dans une proportion géométrique égale à celle du développement de ces chemins ; cependant la population n'y a pas augmenté, des produits nouveaux n'y ont pas été trouvés, la viabilité commode et facile y préexistait ; tandis qu'en Algérie la création du réseau de chemins de fer de la ligne centrale du Tell va avoir pour résultat d'augmenter la population dans des proportions illimitées, de livrer au commerce, à l'industrie et à l'agriculture des éléments nouveaux de production, enfin, de doter d'une viabilité perfectionnée un pays qui n'avait ni canaux, ni rivières navigables, ni même de routes, car on ne peut donner ce nom à des sentiers accessibles aux bêtes de somme seulement. En de telles conditions, il est impossible de prévoir quel sera l'accroissement du revenu public. S'il a été de 10 et de 20 p. 100 en Europe, il sera peut-être ici de 50, de 100 et même de 200 p. 100. Aux États-Unis d'Amérique, pays qui se rapproche le plus du nôtre pour les conditions sociales, l'augmentation des recettes sur les dépenses a été telle depuis dix ans, qu'à l'ouverture du dernier congrès, le président de cette république a annoncé un excédant en caisse d'une centaine de millions.

Par analogie, nous pouvons facilement admettre que la création du réseau proposé amènera dans le revenu public algérien une augmentation pour le moins égale au chiffre de l'intérêt minimum dont la garantie est demandée à l'État, soit de 4 à 6 millions annuellement.

Avantages pour la colonisation.

Si maintenant nous additionnons tous les avantages qui résultent, pour la colonisation, de l'ouverture d'un réseau de chemins de fer de 1,200 kilomètres traversant les plus riches contrées du pays, nous ne trouvons plus de limites à notre horizon.

A ne prendre pour la colonisation européenne qu'une bande de 2 kilomètres sur toute l'étendue du réseau, c'est plus de 2 millions d'hectares de terres fertiles qui peuvent facilement nourrir 200,000 familles, soit de 8 à 900,000 âmes.

A ne compter que les mines connues sur le parcours ou à peu de distance du chemin de fer, il y a de quoi assurer une existence facile à une population industrielle de 20,000 âmes.

A n'estimer qu'au prix le plus réduit, les bois des forêts qui deviennent exploitables par le chemin de fer, il y a là, en bois de construction, d'ébénisterie, de chauffage, en tans, en résines, en liéges, de quoi couvrir l'État d'une partie des frais de la conquête.

De combien d'autres sources de production le chemin de fer peut encore être la cause déterminante? Sans aller au-delà des prévisions les plus vulgaires, n'entrevoit-on pas déjà que la voie ne traversera pas une rivière, un ruisseau, sans modifier leurs cours, sans approprier leurs eaux, soit pour l'irrigation, soit comme force motrice ; n'entrevoit-on pas que partout des industries de tous les ordres vont se créer : des moulins à huile et à farine, des briqueteries, des tuileries, des fours à chaux, à plâtre, des scieries, etc., etc. ?

N'avions-nous pas raison d'avancer que l'État ferait une excellente affaire en accordant la garantie d'un minimum d'intérêt, dût-il servir pendant vingt ans ce minimum d'intérêt, si cette garantie peut amener la création du chemin de fer proposé?

Mais non, la garantie de l'État n'engagera pas davantage sa responsabilité matérielle en Algérie qu'en France ; il nous sera facile de le démontrer en comparant le coût de notre chemin avec ses revenus probables pour ne pas dire certains.

Ce que coûtera le kilomètre de chemin de fer en Algérie sur le parcours proposé.

Disons d'abord ce qu'ont coûté les chemins de fer dans les pays où l'on en a établi :

En Angleterre, la moyenne du coût par kilomètre a été de .	550,000 fr.
En France, — — — .	350,000
En Allemagne, — — — .	200,000
En Amérique, dans la nouvelle Angleterre	148,000
— dans l'état de New-York, en Pensylvanie, dans le Maryland	131,758
— dans les États du Sud et dans la vallée du Mississipi	65,879
— de Charlestown à Augusta (217 kilom. voie et matériel)	28,000

4

— dans les États de l'Ouest (la construction de la voie sur les grandes lignes)	3,294
En France même, de Montpellier à Cette	174,000
— de Mulhouse à Thann.	143,000
— de Bordeaux à la Teste	115,000
— de Saint-Etienne à la Loire	86,190

De ces chiffres, pris à des sources authentiques, il résulte que le chemin de fer algérien, dont nous proposons la création, ne coûtera, au-delà d'un minimum inévitable, que ce qu'on voudra.

Les causes de l'énormité des dépenses en Angleterre et en France ont été :

1° L'adoption d'un maximum de pentes très-bas et d'un maximum de courbes très-grand, ce qui a mis dans la nécessité de combler les vallées, de trancher les montagnes, d'ouvrir de longs souterrains et d'ériger d'immenses viaducs ;

2° Les frais considérables d'expropriation des terrains et surtout des propriétés bâties à la traversée des villes ;

3° Des gares monumentales ; le luxe des constructions, des stations et du matériel ; l'excès de force et de solidité dans les travaux d'art ;

4° Pour la France, la cherté des fers résultant du monopole réservé à nos établissements métallurgiques.

La science et la pratique ont fait justice de l'erreur dans laquelle on était tombé au sujet des pentes et des courbes. L'Algérie profitera de ce progrès qui se traduira pour elle en économies considérables, bien que sur la plus grande étendue du tracé, le sol soit disposé de manière à ne donner ni pentes ni courbes importantes.

En Algérie, le chapitre des indemnités pour expropriations de terrains n'atteindra qu'un faible total, car, en équité, on ne doit que la réparation d'un dommage causé, et, à de très-minimes exceptions près, le chemin de fer, bien loin de causer un dommage, donnera une plus-value énorme aux terres qu'il traversera. Quant aux propriétés bâties, notre tracé les respecte en abordant les villes du littoral par le rivage de la mer pour arriver au port, et en se tenant en dehors de l'enceinte des villes de l'intérieur. Donc, les dépenses d'expropriation de terrains qui, en France, en Angleterre et même dans certaines parties de l'Amérique, ont considérablement élevé le prix des chemins de fer, n'ajouteront qu'un chiffre très-minime au prix général de revient des chemins de fer en Algérie. D'ailleurs, pour qu'il n'y ait pas d'inconnu dans la question, nous demandons au Gouvernement de nous faire la remise pure et simple de ces terrains.

Quant aux constructions, le plus simple bon sens indique qu'il faudra, en Algérie, proportionner la dépense à la somme des capitaux disponibles et au rendement probable du chemin. Pour gares et pour stations, nous nous contenterons de modestes baraques, s'il le faut ; pour nos ponts, nous adopterons un mode de construction économique et solide. A ces conditions, le réseau que l'Algérie ambitionne peut s'entreprendre et se finir en peu d'années. Plus tard, sur les bénéfices réalisés, on perfectionnera les travaux sous le rapport de l'art et du confortable.

Heureusement pour l'œuvre que nous projetons, l'Algérie n'a pas comme la France, comme l'Angleterre, comme les États-Unis, de ces fleuves, de ces rivières dont le passage puisse laisser du doute sur la dépense nécessaire à leur traversée. Presque tous nos cours d'eau sont à sec pendant l'été, et plus notre réseau s'éloigne du littoral, moins il rencontre d'obstacles à cet égard.

Ces avantages ne sont pas les seuls qui permettent à l'Algérie de construire des chemins de fer à plus bas prix qu'ailleurs.

Comme l'Amérique, elle peut tirer ses fers de l'étranger à des prix réduits ; comme le Nouveau Monde, elle a des forêts qui lui donneront des bois en qualité supérieure à ceux employés jusqu'à ce jour dans la construction des chemins de fer ; enfin l'Algérie peut trouver dans la main-d'œuvre indigène une ressource qui a manqué aux États-Unis, où le prix de la journée du terrassier est plus élevé que dans toute autre contrée.

Ces diverses considérations nous font adopter comme base du prix de revient du kilomètre de chemin de fer en Algérie le prix moyen des États-Unis, soit 100,000 fr. par kilomètre.

A ce prix, le tracé étant de 1,187 kilomètres (1), le coût total du réseau serait de 118,700,000 fr., et la garantie d'un minimum d'intérêt serait : à 4p. 100, de 4,748,000 fr.; à 4 1|2, de 5,341,500 fr.; à 5, de 5,935,000 fr.

Maintenant, examinons si les revenus probables du chemin projeté pourront, outre les dépenses d'exploitation, couvrir l'intérêt à 4, à 4 1|2 ou à 5 p. 100 garanti aux actionnaires.

Voyons d'abord quelles sont les dépenses d'exploitation.

(1) Le chiffre en bloc de 1,200 kilomètres, que l'on rencontre plusieurs fois dans ce mémoire, se compose des 1,187 kilomètres du tracé, plus, de 25 kilomètres pour gares d'évitement, ateliers, etc.

Dépenses d'exploitation.

En France, où le charbon de terre est généralement à un prix plus élevé qu'en Algérie, où le matériel des chemins de fer, en raison de son luxe et de sa richesse, exige plus d'entretien, où la surveillance de la voie est nécessairement plus grande par suite de la densité et de l'activité de la population, les dépenses d'exploitation par convoi (frais de traction, de personnel et d'entretien du matériel compris) sont en moyenne de 2 fr. 50 c. par kilomètre.

A ce taux, les dépenses d'exploitation pour un parcours de 1,187 kilomètres, celui de la ligne projetée, s'élèveraient : pour un convoi par jour, à 2,967 fr. 50 c.; pour quatre convois, à 11,870 fr.; pour quatre convois pendant 365 jours, soit deux convois aller et retour à, . . .   4,332,550 fr.

Si, à ce dernier chiffre, nous ajoutons pour intérêt à 5
p. 100, du capital de 118,700,000 fr. la somme de . .   5,935,000

nous avons comme chiffre total de dépenses à couvrir
par les recettes . . . .   10,267,550 fr.

Or, notons immédiatement que, pour couvrir cette dépense annuelle, le kilomètre ne devrait rapporter par an que 8,650 fr., tandis qu'en France et en Angleterre, avec la concurrence des routes, des canaux, des chemins de fer entre eux, le kilomètre rend annuellement de 50 à 100,000 fr., tandis qu'aux États-Unis même, où la navigation possède ces magnifiques cours d'eau dont la nature a privé l'Algérie, dans les conditions les moins favorables de densité de population, il n'est pas de rail-way de quelque importance dont la recette kilométrique tombe aussi bas.

Notons encore que la dépense annuelle à couvrir étant de 10,267,550 fr., si on la répartit entre la population et les produits, dans la proportion ordinaire de 60 p. 100 aux voyageurs et de 40 p. 100 aux marchandises, soit à raison de 6,160,530 fr. pour la première catégorie de produits et de 4,107,020 fr. pour la seconde, la population du Tell étant de deux millions d'âmes, et sa superficie de plus de 13 millions d'hectares, chaque habitant ne devrait donner au chemin de fer par année que 3 fr. 08 c., et chaque hectare que 0,31 c., pour que les frais fussent couverts.

Certes, douter que chaque habitant donne 3 fr. 08 c. par an au chemin de fer, ce serait ne pas connaître la population algérienne et ses habitudes excessives de locomotion ; ce serait ne pas tenir compte du climat ; ce serait oublier que personne ne voyage à pied en Algérie, autant pour économiser un temps précieux que pour s'épargner des fatigues plus grandes qu'ailleurs.

Douter que chaque hectare donne 31 centimes par an au chemin, ce serait nier la fécondité du pays; ce serait fermer les yeux à la lumière la plus évidente, car l'hectare couvert de palmiers nains ou de broussailles peut donner beaucoup plus.

Le tableau suivant, que nous empruntons à une statistique des chemins de fer américains, établie en 1852, sur la demande du ministre des travaux publics de France, est de nature à faire disparaître toute inquiétude sur les revenus probables du chemin de fer algérien :

Tableau présentant par État de l'Union américaine le chiffre de la population comparé à la longueur des chemins de fer.

États.	Population.	Longueur en kilomètres.	Longueur en mètres par tête.
Maine	583,108	711	1,22
New-Hampshire. .	317,964	863	2,73
Vermont . . .	314,120	706	2,25
Massachusetts . .	994,449	1,860	1,88
Rhode-Island . .	147,544	131	0,89
Connecticut . . .	370,791	1,300	3,51
New-York . . .	3,097,394	4,131	1,34
New-Jersey . . .	489,555	543	1,10
Pensylvanie . . .	2,311,786	3,089	1,34
Delaware. . . .	91,535	44	0,48
Maryland. . . .	583,035	806	1,38
Virginie	1,421,661	2,084	1,47
North-Carolina . .	868,903	1,020	1,17
South-Carolina . .	668,507	1,026	1,53
Georgia	905,999	1,581	1,75
Alabama	771,671	501	0,65
Mississipi. . . .	606,555	589	0,97
Louisiane. . . .	517,739	101	0,20
Texas	212,592	51	0,24
Tennessee . . .	1,002,625	1,384	1,38
Kentucky. . . .	982,405	816	0,83
Ohio	1,980,408	4,377	2,21
Michigan	397,654	687	1,78
Indiana	988,416	1,439	1,46
Illinois	851,470	2,550	2,99
Missouri	682,043	829	1,22
Wisconsin . . .	305,191	679	2,22

Ces chemins de fer, malgré leur immense étendue par rapport au chiffre de la population, qui, à une exception près, est inférieur à celui de l'Algérie, donnent cependant des dividendes de 7 p. 100 à leurs actionnaires, malgré la concurrence de la navigation à vapeur sur les canaux, les rivières et les fleuves. L'exemple des États-Unis est saisissant ; il prouve, car les faits sont irrésistibles, que tout chemin de fer dont la construction ne dépasse pas 100,000 fr. par kilomètre, quelles que soient d'ailleurs les conditions de densité de la population et des produits, est une bonne affaire commerciale. Nous croyons exprimer une idée vraie et sans exagération en disant, après cet exemple, que tout pays, à peu près, peut être doté d'une voie ferrée, si l'exécution en est économique ; que tout pays, si la dépense reste dans les limites de bon marché que nous avons signalées, offre assez de ressources pour payer cet admirable instrument de travail et de richesse.

Et, après cela, on pourrait douter des produits du chemin de fer algérien ! Mais hâtons-nous de faire connaître le chiffre des recettes probables du chemin de fer projeté.

Recettes probables données par l'exploitation.

Pour asseoir nos calculs sur une base que tout le monde puisse contrôler, il n'est pas inutile d'en rechercher d'abord les éléments dans les analogies et avec l'aide des résultats constatés ailleurs.

La Belgique possède un réseau de chemins de fer en exploitation, dont le développement correspond à plus d'un mètre courant par tête. En Angleterre, les rails-ways exploités se rapprochent de la même proportion.

Les derniers documents publiés aux États-Unis estiment les chemins de fer américains achevés ou sur le point de l'être, à 48,000 kilomètres, pour une population de 24 millions d'âmes, sans compter environ 25,000 kilomètres en projet. C'est 2 mètres courants de chemins de fer par personne.

L'Algérie, dans 8 ans, quand le réseau que nous proposons sera construit, aura seulement 1,187 kilomètres de chemins de fer, c'est-à-dire 59 centimètres par tête.

En Belgique, où le mètre courant a coûté près de 300 fr., les chemins de fer doivent prélever sur chaque personne l'intérêt de 300 fr.

En Angleterre, où ce prix est de 550 fr., la charge individuelle égale intérêt de cette somme.

En Amérique, où ce prix est de 100 fr., mais où la longueur est double par tête, la charge répartie sur chaque personne représente l'intérêt de 200 fr.

En Algérie, où nous admettons une dépense de 100 fr. par mètre courant, chaque habitant n'aura à pourvoir qu'à l'intérêt de 59 fr., encore ce chiffre doit-il s'affaiblir dans une proportion notable par l'accroissement certain de la population européenne, avant l'achèvement de la voie.

Qu'on tienne compte autant qu'on le voudra de la puissance de production et de l'activité des Anglo-Américains ; si grands qu'ils soient, ces éléments de succès ne sont pas quadruples de ceux de l'Algérie.

Notons, au surplus, que notre réseau, sans concurrence fluviale ni routière, répond à tous les besoins de circulation du présent et de l'avenir, et qu'étant destiné à absorber tout le mouvement des hommes et des choses, il doit profiter, plus qu'aucun chemin de fer au monde, du développement de la population et des produits.

Nos chiffres de dépense et d'exploitation sont calculés sur quatre convois par jour, deux à l'aller et deux au retour, parcourant les 1,187 kilomètres de la ligne; nos chiffres de recettes doivent être calculés sur la même base.

Or, un convoi peut, à raison de 2 fr. 50 c. de dépense par kilomètre, transporter, à grande vitesse, un minimum de 500 voyageurs ; à petite vitesse, un maximum de 500 tonnes de marchandises.

En Europe, les convois ordinaires, partant à heures fixes, n'ont pas toujours ce chiffre de voyageurs ou de marchandises : il ne nous est donc pas permis de l'espérer en Algérie; mais nous croyons rester dans des limites de très-grande probabilité en comptant, en moyenne, pour 4 convois par jour, dont 2 à l'aller et 2 au retour, sur 400 voyageurs et sur 160 tonnes de marchandises. C'est le chiffre que nous adoptons dans nos calculs, chiffre qui n'a rien d'exagéré, car, pour chaque kilomètre, il ne suppose qu'un parcours moyen par année de 146,000 voyageurs et de 58,400 tonnes de marchandises, et une dépense par tête de 5 fr. 26 c. et par hectare de 53 centimes.

Eh bien! à ce chiffre moyen de voyageurs et de marchandises, et au taux des tarifs des chemins de fer de France, c'est-à-dire à 6 centimes par voyageur et par kilomètre, et à 10 centimes par tonne de marchandise et par kilomètre, voici quel serait le produit kilométrique du chemin de fer projeté en Algérie :

Par jour : voyageurs, 24 fr.; marchandises, 16 fr.; ensemble, 40 fr.; par an, 14,600 fr.

La dépense kilométrique pour 4 convois est de :

Par jour : traction et frais, 10 fr.; intérêts, 13 fr. 70 c.; ensemble, 23 fr. 70 c.; par an, 8,650 fr.

Le produit brut annuel de la ligne entière donne sur ces bases 17,330,200 fr. tandis que la dépense annuelle n'emploie qu'une somme de 10,267,550

Produit net . . 7,062,650 fr.

Différence assez large pour qu'avec moins de voyageurs et de marchandises, et à des prix réduits, le chemin de fer puisse encore réaliser des bénéfices.

Nous descendons le chiffre de nos recettes probables d'un quart, et nous calculons le produit kilométrique sur une moyenne de 300 voyageurs et de 120 tonnes de marchandises par jour.

Voici le résultat pour chaque kilomètre :

Par jour : voyageurs, 18 fr.; marchandises, 12 fr.; ensemble, 30 fr.; par an, 10,950 fr.; et pour les 1,187 kilomètres de la ligne, la recette annuelle s'élève à 12,997,650 fr.; la dépense en frais de traction et intérêts restant la même, la différence au profit de l'opération financière est encore de 2,599,530 fr.

Le calcul sur cette dernière donnée suppose 109,500 voyageurs et 43,800 tonnes de marchandises parcourant la ligne entière, ou bien 487,411 voyageurs et 194,964 tonnes, parcourant seulement le quart de la ligne, soit 300 kilomètres.

Enfin, la recette répartie entre la population du Tell et sa superficie, correspond à une charge de 3 fr. 90 c. par tête et de 40 c. par hectare.

La différence que nous relevons, même en la basant sur l'appréciation la plus prudente, suffit encore à constater les avantages d'un réseau général de chemins de fer en Algérie.

Dans ces calculs, nous prions de le remarquer, nous restons dans les limites étroites de la situation actuelle de l'Algérie, et nous nous gardons bien d'escompter, par anticipation, le développement inappréciable que la création du réseau projeté donnerait au pays. Nous réservons cette éventualité, certaine cependant, pour le chapitre des espérances, de même que nous ne rappelons que pour mémoire seulement la possibilité de relier notre réseau de chemins de fer au chemin de l'Europe et de l'Inde par l'Espagne et l'Égypte.

Nous nous résumons :

La garantie d'un minimum d'intérêt est de nécessité absolue dans la situation particulière de l'Algérie.

Sous une forme ou sous une autre, cette garantie a été accordée à tous les chemins de fer créés en France ; il y aurait d'autant plus d'injustice à la refuser à l'Algérie que le chiffre de dépense nécessaire à la création du réseau en projet et son rapport probable permettent d'espérer que la garantie du Gouvernement sera purement nominale.

Il sera donc fait droit à notre demande ; nous en avons l'intime conviction.

Quant au taux du minimum d'intérêt à garantir, nous ne croyons pas pouvoir le déterminer ; il devra nécessairement varier de 4 à 4 1[2 et même 5 p. 100, suivant les circonstances au milieu desquelles la concession sera faite, suivant que les capitaux seront plus ou moins rares et s'offriront à un prix plus ou moins élevé.

§ 2.

PRESTATIONS EN NATURE DES POPULATIONS INDIGÈNES.

Les travaux de terrassements simples et les transports de certains matériaux doivent être exécutés par les Indigènes, parce qu'eux seuls peuvent le faire dans de bonnes conditions.

Cela étant, nous nous sommes demandé s'il y avait lieu de réclamer ce concours par les moyens ordinaires ou de le rendre obligatoire par décret souverain.

Avec le travail libre, malgré l'appât d'un salaire quotidien, le concours de la population indigène est forcément restreint et circonscrit dans la classe peu nombreuse, peu laborieuse, peu intelligente, des nécessiteux du dernier ordre, car tout ce qui a un peu d'énergie et de valeur personnelle n'hésite pas à venir dans nos villes exploiter des industries spéciales.

Avec les prestations en nature rendues obligatoires, on a toute la population virile avec ses bêtes de somme ; on les a au jour et à l'heure indiqués ; on les a disciplinées, surveillées.

Avec le travail obligatoire, les travailleurs viennent, sous la direction de leurs chefs, de toutes les distances, à tour de rôle, camper dans des lieux déterminés, près de la tàche à accomplir. Tout se fait avec ordre, régularité, précision ; et l'État ainsi que les particuliers, non moins que la Compagnie, trouvent leur intérêt dans ce fonctionnement régulier.

Le concours des populations indigènes par des prestations en nature obligatoires est donc pour nous de beaucoup préférable au travail libre, et nous hésitons d'autant moins à le réclamer que l'État, participant aux chances de perte de l'entreprise par la garantie d'un minimum d'intérêt et au partage des bénéfices au-dessus de 10 p. 100, a comme nous intérêt à ce que le chemin soit construit avec la plus grande économie possible.

Toutefois, en demandant le bénéfice de ces prestations en nature, par assimilation à ce qui se pratique en France pour la création et l'entretien des chemins vicinaux, nous ne le demandons pas gratuitement.

Nous comprenons tout ce que le paiement d'un salaire journalier pourrait soulever de susceptibilités parmi les hommes de certaines classes de la population indigène, c'est pourquoi nous proposons une combinaison qui, tout en prévenant ces susceptibilités, permettrait de constituer au profit de chaque tribu un commencement de revenus communaux.

Cette combinaison consiste à solder les prestations en nature des tribus, d'après un réglement et un tarif arrêtés entre le Gouvernement et la Compagnie, au moyen d'actions industrielles du chemin de fer, jouissant des mêmes droits au service de l'intérêt et au bénéfice de l'amortissement que les actions capitalistes, mais incessibles et inaliénables, pour que l'autorité administrative puisse toujours en surveiller l'usage et l'emploi.

Nous trouvons encore à cette combinaison d'autres avantages : celui d'initier les Indigènes au secret des grandes entreprises par association, et, par cette initiation, de les convier à chercher l'emploi de leurs capitaux improductifs dans des entreprises analogues ; celui de les rendre copropriétaires avec nous du chemin de fer, et, par cette part de propriété, de les engager à s'intéresser à son succès.

Des considérations morales viennent encore s'ajouter à ces considérations matérielles pour justifier notre demande de prestations en nature obligatoires.

Le principal défaut des races indigènes, celui d'où émanent tous les autres, est la paresse ; combattre ce défaut en rendant le travail obligatoire pour tous, c'est aborder, par le plus grand obstacle que nous oppose la barbarie, la mission de civilisation qui nous est dévolue.

Le travail, parmi les nouveaux sujets de la France, est réputé servile ; l'imposer à tous sans exception, l'imposer dans une entreprise grandiose à côté d'Européens éminents par leur fortune, par leur science, par leurs services, l'imposer dans une œuvre qui inaugure la régénération de la face du pays, c'est le mettre en honneur, non-seulement dans le présent, mais aussi dans l'avenir.

Et puis, l'intérêt qui s'attache à la fusion des deux races ne demande-t-il pas que cette entreprise soit commune au peuple vainqueur et au peuple vaincu? qu'elle cesse d'être, comme tout ce que nous avons fait jusqu'à ce jour dans ce pays, l'œuvre exclusive du chrétien, *le travail du Roumi?*

Objections et réponses.

Nous allons au-devant des objections que pourrait soulever ce système, et nous y répondons par anticipation. Les seules qui puissent rationnellement nous être opposées sont celles-ci : *inaptitude des Indigènes, nouveauté de la mesure, grandeur de la tâche imposée.*

Examinons leur valeur.

Inaptitude. — Ce que nous avons à faire exécuter par les Indigènes consiste, d'une part, en travaux de terrassements simples, et, d'autre part, en transports de matériaux, bois, pierrailles, sables, etc.

Nécessairement des hommes dont l'unique travail est celui de la terre sont aptes à des travaux de terrassements simples, soit en remblais soit en déblais. Au surplus, nous aurons soin de placer à la tête de chaque atelier des moniteurs et des surveillants, choisis de préférence parmi les Indigènes eux-mêmes, qui les dirigeront, qui les enseigneront s'il en est besoin.

L'expérience, qui est le meilleur guide en pareille matière, a d'ailleurs démontré ce qu'on pouvait demander à ces hommes; dans les travaux de terrassements exécutés en Algérie, on a toujours préféré la main-d'œuvre indigène.

Quant aux transports, il est reconnu depuis longtemps que les Indigènes avec leurs bêtes de somme ne peuvent être égalés par les Européens les plus habiles, surtout dans les terrains accidentés, embarrassés, où les routes consistent en de simples sentiers à peine frayés. Leur habileté en ce genre sera surtout très-précieuse pour amener de la forêt aux lieux où ils pourront être chargés sur des voitures ou wagons, tous les bois nécessaires aux traverses et aux clôtures de la voie.

Nouveauté. — Il est vrai que jamais un décret souverain, applicable à la fois à toute la population virile et à tous les animaux de transport, n'a rendu les prestations en nature obligatoires ; mais il est de notoriété publique qu'à toutes les époques, sous tous les régimes, partout où le besoin de transports réguliers et de bras nombreux et disciplinés s'est fait sentir, un ordre de l'autorité a suffi pour obtenir et faire accepter les réquisitions d'hommes et d'animaux comme un devoir d'obligation sérieuse.

Sous la domination française, depuis que des colonnes mobiles ont été organisées pour sillonner périodiquement le pays, ces colonnes ont toujours été ravitaillées au moyen de réquisitions indigènes, qui, toujours et partout, ont été obtenues sans difficultés et à des prix très-modérés, même pendant la saison des travaux agricoles.

Tout récemment encore, entre Médéa et l'Aghouat, pour l'installation des divers services publics dans cette dernière ville, des transports nombreux ont été demandés aux tribus, et, malgré la distance, elles les ont effectués sans objection.

Enfin, la route de Médéa à Miliana a été construite de toutes pièces par corvées des tribus appelées à en bénéficier. Sur de nombreux points, des barrages et des canaux d'irrigation ont été exécutés par corvées. Pour l'établissement du barrage du Sig, dont profite principalement la colonisation européenne, la tribu des Garaba a fourni gratuitement de nombreuses prestations en nature.

Sous le gouvernement d'Abd-el-Kader, les postes de la limite du Tell et du Sahara : Boghar, Taza, Takdemt, Saïda, Sebdou, ont été créés principalement au moyen de prestations en nature imposées aux tribus ; tous les barrages et canaux d'irrigation exécutés à cette époque, l'ont été par corvées de tribus sous la direction d'un corps spécial d'agents créés à cet effet par Abd-el-Kader.

Sous le même gouvernement, les transports de toute nature nécessités par des besoins publics ont été effectués par corvées.

Sous les Turcs, des corvées générales pour travaux de terrassements et constructions, mais principalement pour des transports, ont été demandées aux tribus aussi souvent que l'occasion s'en est présentée ; les terres des beyliks des trois provinces n'étaient labourées, ensemencées, moissonnées, qu'au moyen de prestations en nature.

Sous tous les régimes, l'homme de la tribu a toujours été corvéable du kaïd pour ses besoins personnels et ceux de sa famille.

Sous tous les régimes, l'individu, fixé à un titre quelconque sur une propriété melk, a toujours accompli, sous le titre de *droit d'usage*, toutes les corvées demandées par le propriétaire du melk.

Le régime des prestations en nature et des corvées n'est donc pas nouveau pour les populations indigènes. Leur imposer l'obligation de concourir, dans les limites de leurs forces et de leurs ressources, à l'établissement d'un réseau de chemins de fer dont ils seront les premiers à profiter, n'est que faire usage d'un droit incontesté et incontestable ; leur imposer cette obligation en leur donnant en actions de ce chemin la valeur représentative de leur concours, c'est certes concilier l'exercice du droit avec les devoirs d'équité et de justice qu'exige notre position de peuple civilisé vis-à-vis d'un peuple à civiliser.

Et d'ailleurs, pourquoi serions-nous moins exigeants à l'égard de nos sujets arabes ou berbères que nous ne le sommes vis-à-vis de nous-mêmes ? Serait-ce pour ne pas rappeler le *Vœ victis* des temps anciens ? Mais, entre l'abus et l'usage, il est en toutes choses une assez grande distance pour qu'il n'y ait pas confusion.

En France, les prestations en nature sont d'obligation légale pour l'exécution et l'entretien des chemins vicinaux, et c'est à cette obligation que nous devons l'un des plus beaux réseaux de communication qui existent au monde.

En Algérie, où tout est à créer, grandes et petites routes, voies accélérées et autres, nous serions coupables envers nous-mêmes en ne recourant pas à un procédé qui a donné de si beaux résultats dans la métropole.

Grandeur de la tâche imposée. — En apparence, la tâche semble considérable ; mais si l'on tient compte du nombre de bras et de bêtes de somme entre lesquels elle peut être répartie, on voit qu'elle reste bien en deçà des limites du possible.

Pour les travaux de terrassements, en donnant à la voie une largeur de 10 mètres, et en estimant à 1 mètre en moyenne la masse de terres à déplacer, tant en remblai qu'en déblai, on a pour un tracé de 1,200,000 mètres, 12 millions de mètres cubes à déplacer ou à replacer.

Selon toute probabilité, ce chiffre de 12 millions de mètres cubes de terrassements est un maximum, car sur les 2/5 du tracé au moins la voie pourra être établie à niveau du sol.

Or, le pays pouvant fournir 300,000 hommes valides, la part de terrassements dévolue à chaque individu n'est plus que de 40 m., soit de 12 à 20 jours de travail à raison de 2 à 3 mètres par jour en moyenne.

Quant aux transports à demander aux Indigènes, ils sont loin d'avoir la même importance que les terrassements; or le nombre de bêtes de somme étant supérieur à celui des hommes valides, cette partie des prestations en nature exigera à peine de chaque animal 6 à 10 jours de travail.

Qu'est-ce qu'une semblable tâche pour des populations qu'aucun travail ne réclame pendant les trois quarts de l'année, et auxquelles il est si facile de se transporter sur l'atelier lui-même avec tout ce qui leur appartient? Certes, cette charge momentanée est loin de compenser la plus-value perpétuelle qu'un chemin de fer donnera à leurs propriétés tant mobilières qu'immobilières.

En résumé, le système de prestations en nature que nous proposons n'a contre lui que de n'avoir pas été appliqué à l'Europe pour la création des chemins de fer; avant de demander à la France ces prestations pour la création et l'entretien des chemins vicinaux, on se trouvait également en présence d'une innovation : or on s'estime heureux aujourd'hui de n'avoir pas été arrêté par quelques scrupules ; il en sera de même pour les prestations en nature relatives aux chemins de fer en Algérie (1).

§ 3.

REMISE PAR L'ÉTAT DES TERRAINS NÉCESSAIRES A L'ÉTABLISSEMENT DE LA VOIE ET DE SES DÉPENDANCES.

En matière d'expropriation pour cause d'utilité publique, la loi du 17 juin 1851, spéciale à l'Algérie, dispose :

« Art. 20. *Il sera toujours tenu compte, dans le réglement des indemnités, de la plus-value* résultant de l'exécution des travaux pour la partie de l'immeuble qui n'aura pas été atteinte par l'expropriation.

» *La plus-value pourra être admise jusqu'à concurrence du montant total de l'indemnité.* »

De plus, tous les actes de concessions rurales émanés de l'administration portent que, pendant dix ou quinze ans, l'État pourra disposer, *sans indemnité*, de tous les terrains nécessaires aux travaux d'utilité publique.

Par suite de ces dispositions, le nombre des propriétaires à indemniser pour l'établissement du chemin de fer projeté sera très-minime.

---

(1) Un décret postérieur à la rédaction de ce travail a rendu les prestations en nature obligatoires, aussi bien pour les Indigènes que pour les Européens, à l'effet de créer et d'entretenir les chemins vicinaux.

En effet :

Sur les 927 kilomètres environ parcourus par la voie en territoire militaire, tous les terrains, sans exception aucune, reçoivent une plus-value qui,
par application du 2ᵉ paragraphe de l'article 20 de la loi précitée, devra
être admise jusqu'à concurrence du montant total de l'indemnité ;

Sur les 260 kilomètres parcourus par la voie en territoire civil, les
trois cinquièmes (1) sont des concessions dont la prise de possession ne
remonte ni à dix ni à quinze années, et dont l'expropriation partielle ne
donne droit à aucune indemnité en vertu des titres mêmes de concession.
Les deux cinquièmes restant reçoivent du passage du chemin de fer une
plus-value rarement inférieure au chiffre de l'indemnité.

Dans ces conditions, demander à l'État la remise pure et simple des terrains nécessaires à l'établissement de la voie et de ses dépendances, c'est
tout bonnement dégager la question d'un inconnu qui, pour les actionnaires
étrangers à l'Algérie, constitue un fait considérable ; car on n'ignore pas
qu'en Europe les indemnités pour expropriation ont atteint des sommes
fabuleuses, et que le réglement de ces indemnités a toujours été l'un des
points les plus obscurs des opérations des Compagnies de chemins de fer.

L'État, en souscrivant à cet égard au vœu des pétitionnaires, se rendra
facilement compte, par l'étude de notre tracé, qu'il n'engage pas sa responsabilité financière ; car, pour les villes du littoral et leurs territoires,
nous les abordons par les terrains vagues et réservés des bords de la mer,
et, pour les villes de l'intérieur, dans la prévision de nouveaux quartiers
dont la construction sera sollicitée par le voisinage même du chemin de
fer, notre tracé se tient toujours à une certaine distance des portions actuellement bâties.

§ 4.

CONCESSION GRATUITE ET PERPÉTUELLE DE 10,000 HECTARES,

AU CHOIX DE LA COMPAGNIE, A PRENDRE SUR LES TERRES DOMANIALES

CONTIGUES OU VOISINES DE LA LIGNE DU CHEMIN DE FER.

Dans un pays où n'existe encore aucune des industries que réclame

(1) A l'exception des territoires d'Alger, de Blida et de Bône, où la propriété privée
était constituée avant la conquête, les territoires des autres centres de population européenne traversés par le réseau de chemins de fer projeté ont été constitués principalement
au moyen de concessions.

l'exploitation d'un chemin de fer, la Compagnie concessionnaire sera obligée d'établir, pour ses besoins, de distance en distance, des centres de population industrielle dont elle devra elle-même recruter les habitants, et qu'elle cherchera à attacher au sol par le lien de la propriété.

Dix de ces centres spéciaux sont pour le moins nécessaires sur un parcours de 1,200 kilomètres; et ce n'est pas dépasser la limite ordinaire que de demander pour chacun d'eux des territoires de 1,000 hectares.

Nous demandons que le choix de ces terres soit réservé à la Compagnie, parce qu'elle seule est réellement compétente pour apprécier la raison de ce choix.

Nous demandons que cette concession territoriale ait lieu en même temps que celle de la ligne du chemin de fer, afin que la Compagnie puisse elle-même, dès le jour de la concession, prendre des engagements définitifs avec les familles d'ouvriers qu'elle fixera dans le pays, sans qu'il soit, pour cela, besoin de recourir à de nouvelles demandes, dont l'instruction est toujours longue.

Nous demandons à l'État de réserver dès à présent les terrains dont il dispose à Amoura, parce que nous sommes informés qu'un centre de population y est projeté. Cette localité devant inévitablement être le point de jonction des trois principaux tronçons du réseau et le principal siége industriel de l'exploitation dans l'intérieur, il serait très-regrettable que la Compagnie pût y être gênée dans son installation par des concessions antérieures.

Nous pouvons déjà désigner, comme localités où des centres analogues devront être établis, les points de jonction des embranchements de Bougie et de Philippeville à l'artère principale. Quant aux autres points, ils seront déterminés, ainsi que les périmètres de leurs territoires, lorsqu'il sera procédé aux études de détail de la ligne.

§ 5.

CESSION GRATUITE, DANS LES PORTS OU ABOUTIRA LE CHEMIN DE FER,

DE L'ESPACE NÉCESSAIRE A L'ÉTABLISSEMENT DE DOCKS,

POUR UNE DURÉE DE TEMPS ÉGALE A CELLE DE LA CONCESSION

DU CHEMIN DE FER.

Le chemin de fer de la ligne centrale du Tell ayant principalement pour but les transports des produits naturels du pays destinés à l'exportation et des produits fabriqués de la métropole à destination de nos établissements de l'intérieur, il importe que ces produits, arrivés au port, supportent le moins de frais possibles pour passer, soit du wagon dans le navire, soit du navire dans le wagon. A cet effet, la création de docks dans les ports d'O-ran, d'Alger, de Bougie, de Philippeville et de Bône, nous semble un com-plément indispensable du chemin de fer lui-même ; c'est pourquoi nous croyons devoir immédiatement demander la cession de l'espace nécessaire à leur construction pour une durée de temps égale à celle de la concession du chemin de fer, soit que la Compagnie considère la création de ces docks comme partie intégrante de son entreprise, soit qu'elle en fasse une opé-ration distincte, mais annexe, de la sienne.

Les docks étant, comme les chemins de fer, des établissements d'utilité publique, et l'État étant seul propriétaire des ports et de leurs quais, nous avons tout lieu d'espérer qu'aucun obstacle n'empêchera de donner suite à cette partie de notre demande.

§ 6.

CESSION GRATUITE DES BOIS DES FORÊTS DOMANIALES NÉCESSAIRES A L'ÉTABLISSEMENT DE LA VOIE.

En Algérie, toutes les forêts sont réputées domaniales, et, à très-peu d'exceptions près, l'État peut librement disposer des bois qui s'y trouvent sur pied.

Parmi elles, il en est que le chemin de fer traversera, et d'autres qu'il laissera à très-peu de distance.

Dans ces forêts, il y a des bois d'essences diverses qu'on peut utiliser, soit pour asseoir les rails, soit pour clore la voie, et qu'il est avantageux d'abattre ; car, dans l'état où nous les donne le régime barbare auquel ils ont été soumis depuis des siècles, ces bois ne peuvent que dépérir et faire obstacle à la reproduction de nouveaux arbres.

En les mettant à la disposition des fondateurs du chemin de fer, l'État fait une excellente opération, puisque, en diminuant d'autant la somme des dépenses pour laquelle il garantit un minimum d'intérêt, il améliore les parties forestières sur lesquelles la Compagnie pratiquera des coupes méthodiques, et qui pourront devenir le point de départ d'un aménagement rationnel.

Les essences que le chemin de fer utilisera sont principalement le thuya et l'olivier sauvage, bois durs, presque inaltérables à l'humidité, et spécialement propres à l'usage auquel on les destine. L'État n'en pourrait trouver un meilleur emploi, car leurs dimensions s'y opposent.

§ 7.

ADMISSION, EN FRANCHISE DE DROITS, DES FERS ÉTRANGERS QUE LA COMPAGNIE EMPLOIERA DANS LA CONSTRUCTION DU CHEMIN.

Antérieurement à la loi du 11 janvier 1851, les fers étrangers entraient en franchise de droits en Algérie ; depuis cette loi, bien qu'elle accorde cette faveur aux produits étrangers nécessaires aux constructions urbaines et rurales, les fontes brutes non aciéreuses et les fers en barre, de cette provenance, ne sont plus admis qu'en payant la moitié des droits de France.

Par exception à cette règle générale, nous demandons que, prenant en considération les motifs qui depuis ont obligé à admettre dans la métropole même les fers étrangers en concurrence des similaires indigènes, le Gouvernement accorde la franchise de droits aux fontes et aux fers à employer dans la construction du chemin de fer projeté.

Aux États-Unis, cet avantage a été accordé à toutes les Compagnies de chemins de fer, et nous avons d'autant plus lieu d'espérer le même témoignage de sollicitude que la remise des droits se trouvera amplement compensée pour le trésor, soit, en cas de perte de la Compagnie, par une somme d'intérêt moindre à servir aux actionnaires ; soit, en cas beaucoup plus probable de bénéfices, par une somme plus considérable de dividendes ; soit, enfin, dans l'une ou l'autre alternative, par l'impulsion que la création du chemin donnerait à toutes les affaires qui constituent la source des revenus publics.

Une autre considération nous engage encore à solliciter cette exception à la législation actuelle. Si, par l'admission en franchise de droits des fers étrangers, les fondateurs du chemin de fer arrivent à se procurer les fontes et les fers à des prix peu supérieurs à ceux du bois, ils n'hésiteront pas à adopter exclusivement ces fers et ces fontes pour la construction de leurs ponts et de leurs stations, ce qui les mettra à l'abri des dangers du feu, avantage immense dans ce pays où l'élévation de la température rend les incendies malheureusement si faciles et si fréquents.

§ 8

CONCESSION DES GISEMENTS MINÉRALOGIQUES QUE LES TRAVAUX DE TERRASSE-MENTS FERAIENT DÉCOUVRIR.

La découverte des gisements minéralogiques confère à celui ou à ceux qui l'ont faite des droits sur la chose trouvée : mais ces droits n'allant pas jusqu'à leur en attribuer la concession de préférence à tout autre, probablement parce que le législateur a prévu que beaucoup d'inventeurs ne pourraient pas exploiter eux-mêmes l'objet de leur découverte, nous croyons nécessaire de revendiquer, dès aujourd'hui, ce complément de droit, la Compagnie du chemin de fer devant nécessairement se trouver dans de meilleures conditions que tout autre pour exploiter ses propres découvertes.

La Compagnie s'engageant à exploiter ou à faire exploiter ces concessions dans les conditions de droit commun et offrant au gouvernement toutes les garanties désirables, nous ne pensons pas que l'acceptation de cette condition puisse offrir aucune difficulté.

CHAPITRE III.

TOPOGRAPHIE GÉNÉRALE ET SOMMAIRE DU TRACÉ PROPOSÉ.

---

§ 1er.

DIFFICULTÉS, FACILITÉS.

Étant donné :

D'une part, *comme base du réseau*, la série de plaines et de plateaux intérieurs qui constitue la ligne centrale du Tell algérien, et dont la hauteur moyenne, au-dessus du niveau de la mer, est de 5 à 700 mètres ;

D'autre part, *comme points de rattaches au littoral*, Alger au Centre, Oran dans l'Ouest, Philippeville et Bône dans l'Est, villes situées à quelques mètres au-dessus du niveau de la mer ;

Et, *entre le littoral et l'intérieur*, l'une des deux chaînes de montagnes parallèles au rivage qui forment le relief algérien ;

Il fallait faire choix, au Centre, à l'Ouest et à l'Est, des points les plus bas de cette chaîne, pour passer d'un niveau à l'autre, du littoral dans l'intérieur.

Là, tout le monde le comprendra, était la principale difficulté de l'étude du tracé que nous présentons ;

Là aussi, comme on doit bien le prévoir, sont les principales difficultés d'exécution.

Toutefois en adoptant :

Au Centre, le col de H'aouch-el-Maghzen ;

A l'Ouest, le col de Tigraza ;

A l'Est, le col de Fedjoudj ;

Pour faire traverser cette chaîne à notre chemin de fer, nous avons la conviction d'avoir :

Pour l'Ouest, résolu la difficulté ;

Pour l'Est, choisi le point le plus favorable sous tous les rapports ;

Pour le Centre, adopté le seul point où le Petit-Atlas pouvait être franchi sans de grandes dépenses.

Un quatrième point devait aussi nous présenter des obstacles, c'est celui où l'énorme renflement du Djerdjera empiète sur l'emplacement du plateau central, et rapproche tellement la chaîne parallèle au rivage maritime de celle parallèle au rivage saharien, qu'elles se confondent pour ainsi dire en un seul massif. Là, notre tracé rencontre un sol tourmenté, raviné, découpé, qu'on ne pourra franchir qu'en exécutant des travaux d'une certaine importance.

C'est sur ces quatre points, et sur une étendue totale de 100 kilomètres seulement, que notre tracé trouve des difficultés. En réalité, ce n'est rien pour un parcours d'environ 1,200 kilomètres. A l'exception des vastes plaines de la Russie, il n'y a peut-être pas au monde une autre contrée où un chemin de fer de cette importance pourrait être établi dans de telles conditions.

On en jugera par les détails qui suivent.

§ 2.

LIGNE OCCIDENTALE.

Section d'Alger à Amoura.

D'Alger à Boufarick. — Étendue, 36 kilomètres. Pente générale du sol, 1 millimètre 1 par mètre. Le tracé suit le bord de la mer jusqu'à la Maison-Carrée, et de là longe le pied sud du Sahel jusqu'aux Quatre-Chemins; des Quatre-Chemins il gagne directement Boufarick à travers la Métidja.

D'Alger aux Quatre-Chemins la voie est assise sur un fond solide de terres calcaires; des Quatre-Chemins à Boufarick, elle devra être exhaussée au-dessus du niveau de la Métidja, pour prévenir l'action des eaux.

Notre tracé diffère de celui qui a été adopté pour le chemin de fer d'Alger à Blida (1). Cela se comprend. Un chemin de fer qui se propose comme but de desservir toute la colonie, et non une contrée restreinte, suit, pour se

---

(1) Ce n'est pas que nous ne comprenions le mérite particulier du tracé adopté pour le chemin d'Alger à Blida, tant s'en faut; mais, si nous le considérons comme tête d'un réseau général, nous lui reprochons un développement trop considérable; si au contraire nous l'envisageons comme chemin spécial, nous ne lui en trouvons pas assez.

A notre avis, si le chemin de la ligne centrale du Tell doit être créé, ce dont nous ne doutons pas, il est préférable, pour tête de ligne, d'adopter le tracé direct que nous propo-

rendre d'un point à un autre , la ligne la plus courte et celle qui lui occasionne le moins de dépense ; cependant nous sommes disposés à abandonner notre tracé , si le Gouvernement juge convenable de prendre pour point de départ les études déjà faites et qui ont reçu son approbation.

De Boufarick à Bou-Roumi. — Étendue , 26 kilomètres. Pente générale du sol, 2 millimètres par mètre. Terres calcaires solides. Le chemin resté continuellement en plaine.

Pas de difficultés.

De Bou-Roumi au col de H'aouch-el-Maghzen. — Étendue, 32 kilomètres. Pente générale du sol, 10 millimètres 96 par mètre. Terres argileuses. Le tracé suit la rive droite du Bou-Roumi sur le penchant de mamelons en pentes douces, mais souvent entrecoupés de ravins. *Au plateau* dit *des Réguliers,* le chemin peut recevoir un embranchement pour le service de l'établissement de Mouzaïa-les-Mines , qui en est éloigné de 4 kilomètres d'un parcours facile.

Pour avoir sur tout le trajet une pente réduite à 6 millimètres par mètre, il y aura, ou à ouvrir une tranchée profonde au sommet du col, ou à percer un tunnel de 500 mètres au plus, pour passer de la vallée du Bou-Roumi dans celle de l'Oued-H'arbil.

Afin d'empêcher le glissement des terres en remblai, il faudra, eu égard à leur nature argileuse, piloter le côté de la voie longeant le Bou-Roumi.

Du col de H'aouch-el-Maghzen à Amoura. — Étendue, 15 kilomètres. Pente générale du sol, 5 millimètres par mètre Terres argileuses dans la

---

sons ; et, pour le service spécial de colonisation, de souder sur ce tracé direct un chemin de ceinture de la Métidja, chemin à une seule voie, qui, se détachant de l'artère principale à la Maison-Carrée, se dirigerait droit dans l'Est jusqu'au Boudouaou, remonterait la rive gauche de cette rivière pour aboutir au Fondouck, de là, longeant le pied de l'Atlas en passant par l'Arba, Rovigo, Assenia, Souma, Dalmatie, Blida, rejoindrait le tracé direct à la Chiffa, continuerait jusqu'au village du Bou-Roumi sur le tracé direct qu'il quitterait une seconde fois pour venir le rejoindre aux Quatre-Chemins, après avoir fait le tour de la partie ouest de la Métidja en passant par El-Afroun, Ameur-el-Aïn , Bourkika, Marengo et le pied sud du Sahel de Coléa.

De la combinaison d'un chemin de ceinture à une seule voie avec le tracé direct à double voie, il résulterait que toutes les parties de la Métidja pourraient être visitées par des convois aussi souvent que besoin serait, sans qu'il pût jamais y avoir engorgement sur aucun point, et nous pensons que cet immense bienfait pourrait être acquis aux colons de cette riche plaine sans dépense considérable.

vallée de l'Oued-H'aouch-el-Maghzen ; calcaires et solides dans la vallée de l'Oued-H'arbil. Le tracé suit la rive droite de l'Oued-H'arbil.

Dans les terres argileuses, il faudra soutenir les remblais par des pilotis du côté de la rivière. L'ouverture de la tranchée ou du tunnel prévu plus haut ramènera la pente générale de cette partie à un niveau inférieur.

Section d'Amoura à Oran.

D'Amoura à Orléansville. — Étendue, 115 kilomètres. Pente générale du sol, 2 millimètres par mètre. Terres calcaires, n'offrant aucune difficulté pour les terrassements. Le tracé suit la rive gauche du Chélif.

Entre Amoura et Aïn-Defla, sur une étendue de 20 kilomètres environ, la voie devra être exhaussée au-dessus du sol pour éviter sa submersion dans la saison des grandes pluies.

D'Orléansville, il peut être créé un embranchement sur Ténès, pour le service des mines, par les vallées de l'Oued-Ràs-Resguia et de l'Oued-Allélah, embranchement dont l'étendue serait de 85 kilomètres, avec une pente générale du sol de 3 millimètres 7 par mètre dans la vallée de l'Oued-Ràs-Resguia, et de 9 millimètres 9 dans la vallée de l'Oued-Allélah. Les terrains que cet embranchement traverserait sont ou calcaires ou calcaires-argileux d'une bonne tenue.

D'Orléansville au col de Tigraza. — Étendue, 118 kilomètres. Pente générale du sol, à niveau. Terres calcaires. Le tracé s'éloigne successivement du Chélif, pour conserver sur le flanc des coteaux un niveau constant. Pas de difficultés.

Du col de Tigraza, il peut être dirigé un embranchement de 34 kilomètres, également à niveau, sur Mostaganem. Les terrains à traverser sont sablonneux ; ils exigeraient des travaux de consolidation.

Du col de Tigraza à Oran. — Étendue, 100 kilomètres. Pente générale du sol, 1 millimètre par mètre. Terres calcaires solides. Le tracé suit le pied nord des montagnes d'El-Bordj jusqu'à la Lunette Pérégaux ; de là, il longe, dans la plaine du Sig, le pied du Bou-Ziri jusqu'à Saint-Denis, d'où pourra partir l'embranchement sur les salines et Arzew ; il traverse ensuite la forêt de Muleï-Ismaël et la plaine du Tlélat, passe entre la pointe orientale du grand lac et le dernier contre-fort du Kebeur-Dikha, gagne Valmy, la Sénia, Dar-Beïda, et entre à Oran par le ravin blanc, Kerguenta, et le bord de la mer, pour aboutir au port.

Le niveau de la voie devra être exhaussé au-dessus de celui du sol, sur une étendue de 12 kilomètres, entre Sainte-Barbe et Valmy, dans la plaine souvent submergée du Tlélat.

§ 3.

LIGNE ORIENTALE.

Section d'Amoura à El-Betom.

D'Amoura à l'Oued-Moudjebeur. — Étendue , 40 kilomètres. Pente générale du sol, 2 millimètres 8 par mètre. Terres calcaires et calcaires-argileuses solides. Le tracé suit la rive droite du Chélif.

Au Téniet-Telga, sur une étendue de 2,000 mètres environ, la voie devra être établie en entaille sur les flancs très-escarpés de la vallée du Chélif. La nature et la disposition du sol permettent d'exécuter ce travail sans difficulté et sans danger pour l'exploitation.

De l'Oued-Moudjebeur à H'armela. — Étendue, 32 kilomètres. Pente générale du sol, 6 millimètres par mètre. Marnes argileuses qui exigeront la consolidation de la voie par des pilotis sur son côté libre. Le tracé suit la rive gauche de l'Oued-Moudjebeur.

D'H'armela à Souk-el-Khamis. — Étendue, 32 kilomètres. Pente générale du sol, 2 millimètres par mètre. Terres calcaires solides et d'un travail facile. Le tracé suit la rive droite de l'Oued-el-Meleh.

Aucune difficulté.

De Souk-el-Khamis à El-Betom. — Étendue, 36 kilomètres. Pente générale du sol, 2 millimètres par mètre. Terres calcaires solides et d'un travail facile. Le tracé tient le centre de la plaine des Beni-Sliman.

Aucune difficulté.

C'est à El-Betom que l'embranchement de Bougie, par la vallée de l'Oued-Sahel, vient se souder à l'artère centrale du Tell. L'étendue de cet embranchement est de 135 kilomètres. La pente générale du sol est de 5 millimètres par mètre. Le tracé suit la rive gauche de la vallée sur des terrains calcaires solides.

Section d'El-Betom à Constantine.

D'El-Betom à Aumale. — Étendue, 18 kilomètres. Pente générale du sol, 4 millimètres par mètre. Terres calcaires solides et d'un travail facile.

Le tracé côtoie les derniers contre-forts du versant nord du Djebel-Dira.

Sur toute l'étendue de cette partie, le sol est raviné, tourmenté, particulièrement près d'Aumale ; il exigera de grands travaux de terrassements en remblai et en déblai.

D'Aumale à Bordj-Mostfa. — Étendue, 110 kilomètres. Pente générale du sol, à niveau. Terres calcaires d'une bonne tenue et d'un travail facile. Le tracé tient le centre du plateau de l'Ouennougha.

Difficultés sur quelques points.

De Bordj-Mostfa à Guidjel. — Étendue, 65 kilomètres. Pente générale du sol, 2 millimètres 8 par mètre. Terres calcaires. Le tracé est toujours en plaine, d'abord dans la plaine de la Medjana, ensuite dans la plaine des Sedrata, puis dans celle de Sétif.

Aucune difficulté.

De Guidjel à Constantine. — Étendue, 116 kilomètres. Pente générale du sol, 3 millimètres par mètre. Terres calcaires solides. Le tracé traverse successivement la plaine des Eulma, celle des Abd-en-Nour, et arrive sous Constantine par la large vallée du Roumel.

Aucune difficulté.

Section de Constantine à Bône.

De Constantine au Kroub. — Étendue, 17 kilomètres. Pente générale du sol, 1 millimètre par mètre. Terres calcaires d'une bonne tenue. Le tracé suit la belle vallée du Bou-Merzoug.

Pas de difficultés.

Du Kroub au Râs-Oued-Zénati. — Étendue, 24 kilomètres. Pente générale du sol, 5 millimètres par mètre. Terres calcaires solides et d'un travail facile. Le tracé suit les vallées successives du Berda et de l'Oued-Méhéris.

Pas de difficultés.

Du Râs-Oued-Zénati au Fedjoudje. — Étendue, 110 kilomètres. Pente générale du sol, 2 millimètres par mètre. Terres calcaires d'une bonne tenue. Le tracé suit la rive gauche de l'Oued-Zénati et de la Seybouse.

Dans son tiers moyen, au coude de l'Oued-Zénati, cette partie exigera des travaux de terrassements assez importants. Pas de difficultés dans le reste.

D'El-Fedjoudje à Ksuntina-Kedima. — Étendue, 26 kilomètres. Pente générale du sol, 15 millimètres par mètre. Terres calcaires solides. Le tracé suit successivement le cours de l'Oued-Fedjoudje et de l'Oued-Radjeta.

On obtiendra une pente moyenne de 7 millimètres par mètre en ouvrant un tunnel de 500 mètres au col d'El-Fedjoudje.,

On obtiendra encore une réduction sur cette pente en serrant au plus près les coteaux de la Seybouse à partir de Medjez-Ammar.

De Ksuntina-Kedima à Bône. — Étendue, 54 kilomètres. Pente générale du sol, de 5 à 6 millimètres par mètre. Terres calcaires d'un travail facile. Le tracé suit d'abord la rive droite de l'Oued-Radjeta, tourne l'extrémité occidentale du lac Fezzara, longe la rive nord de ce lac, et arrive à Bône par la vallée des Karesas.

Cette partie de la ligne recevra les embranchements des mines de Mokta-el-Hadid, du Bélélita et du Bou-Hamra.

Embranchement de Philippeville.

De Ksuntina-Kedima à Philippeville. — Étendue, 65 kilomètres. Pente générale du sol, 2 millimètres 3, et 2 millimètres 9 par mètre. Terres calcaires solides et d'un travail facile. Le tracé suit la vallée de l'Oued-Fondeck, traverse le col bas de l'Akout, et gagne Philippeville par les vallées de l'Oued-Addarat et du Saf-Saf.

Le tableau ci-contre résume les conditions générales du tracé.

La conclusion à tirer des chiffres de ce tableau est facile.

Pour les pentes :

870 kilomètres sont dans les conditions les plus favorables ;

259 — sont dans les limites de l'emploi utile de la vapeur ;

58 — seulement demandent à être ramenés à un niveau meilleur.

Pour la nature des terrains :

1,118 kilomètres permettent des terrassements solides et faciles ;

69 — seulement présentent quelques difficultés.

Pour le relief du sol :

826 kilomètres sont en plaine et exigent peu de travaux de terrassements ;

361 — sont en terrains mouvementés et réclament des travaux de terrassements un peu importants.

Pour l'exécution des travaux :

928 kilomètres sont d'un travail facile ;

259 — seulement offrent des difficultés à surmonter.

Nous le répétons, de tous les chemins de fer de cette étendue, il n'en est pas à l'établissement duquel la nature ait opposé moins d'obstacles. Demander mieux serait demander l'impossible.

RÉSUMÉ GÉNÉRAL.

LIGNES. SECTIONS	PARTIES DES SECTIONS.	PENTES GÉNÉRALES DU SOL					NATURE DES TERRAINS			RELIEF DU SOL		EXÉCUTION DES TRAVAUX		
		Niveau.	de 1 à 2 millimètres par mètre.	de 3 à 4 millimètres par mètre.	de 5 à 6 millimètres par mètre.	au-dessus de 6 millim. réduire à 6.	calcaires.	argileux.	marnes argileuses.	plaine.	mouvementé.	facile.	mi-difficile.	difficile.
		Kilom.	Kilom.	Kilom.	Kilom.	Kilom.	Kilom.	Kilom.	Kilom.	Kilom.	Kilom.	Kilom.	Kilom.	Kilom.
Section d'Alger à Amoura.	D'Alger à Boufarick	»	36	»	»	»	36	»	»	36	»	3	»	»
	De Boufarick à Bou-Roumi	»	26	»	»	»	26	»	»	26	»	2	»	»
	De Bou-Roumi au col d'El-Maghzen	»	»	»	»	32	»	32	»	»	32	»	32	»
	Du col d'El-Maghzen à Amoura	»	»	»	15	»	10	5	»	»	15	10	5	»
Section d'Amoura à Oran.	D'Amoura à Orléansville	»	115	»	»	»	115	»	»	115	»	115	»	»
	D'Orléansville au col de Tigraza	118	»	»	»	»	118	»	»	76	32	86	32	»
	Du col de Tigraza à Oran	»	100	»	»	»	100	»	»	80	20	80	20	»
Section d'Amoura à El Betom.	D'Amoura à l'Oued-Moudjebeur	»	40	»	»	»	40	»	32	»	40	»	40	»
	De l'Oued-Moudjeb'ur à H'aruela	»	»	18	»	»	18	»	»	»	18	»	»	18
	d'H'armela au Khamis	»	32	»	»	»	32	»	»	»	32	»	32	»
	Du Khamis à El-Betom	»	36	»	»	»	36	»	»	36	»	36	»	»
Section d'El-Betom à Constantine.	D'El-Betom à Aumale	»	»	»	»	»	18	»	»	18	»	18	»	»
	D'Aumale à Bordj-Mostfa	110	»	»	»	»	110	»	»	70	40	100	10	»
	De Bordj-Mostfa à Guidjel	»	65	»	»	»	65	»	»	65	»	65	»	»
	De Guidjel à Constantine	»	»	116	»	»	116	»	»	116	»	116	»	»
Section de Constantine à Bône.	De Constantine au Kroub	»	17	»	»	»	17	»	»	17	»	17	»	»
	Du Kroub au Râs-Oued-Zénat	»	»	»	24	»	24	»	»	21	»	24	»	»
	Du Râs-Oued-Zénati au Fedjoutie	»	110	»	»	»	110	»	»	66	44	66	44	»
	Du Fedjoudje à K-untina-Kedima	»	»	»	54	26	28	»	»	»	26	»	26	»
	De Ksuntina-Kedima à Bône	»	»	»	54	»	54	»	»	54	»	54	»	»
	Embranchement de Philippeville	»	65	»	»	»	65	»	»	35	30	63	»	»
		228	642	134	125	58	1,118	37	32	826	361	928	241	18
			1,187				1,187			1,187		1,187		

CHAPITRE IV.

DEVIS APPROXIMATIF DES DÉPENSES D'ÉTABLISSEMENT.

Le chemin de fer de la ligne centrale du Tell n'ayant pas à supporter les frais d'acquisition de terrains, qui, en Europe, élèvent à un si haut prix le coût des chemins de fer, ces dépenses sont réduites pour nous à celles énumérées dans les paragraphes suivants :

1° Travaux de terrassements :

2° Travaux d'art ;

3° Achat des rails, traverses, coussinets, chevillettes, coins ;

4° Construction de la voie ;

5° Gares, stations, maisons de garde, guérites, magasins, ateliers, machines ;

6° Docks ;

7° Clôture de la voie ;

8° Achat du matériel roulant : locomotives, wagons ;

9° Télégraphe électrique ;

10° Conduite des travaux.

§ 1er.

TRAVAUX DE TERRASSEMENTS.

L'étendue totale du tracé, par rapport à l'importance des terrassements qu'elle exige, se décompose ainsi qu'il suit :

Parties en plaine. . . . . . . 826 kilomètres.
Parties en terrains mouvementés. . 361 —

Dans les parties en plaine, il y a à distinguer celles où la voie a besoin d'être exhaussée de celles où la voie peut être établie à niveau du sol.

Les parties en plaine où la voie devra être exhaussée, sont :

Dans la plaine de la Métidja, entre les Quatre-Chemins et
Boufarick . . . . 10 kil.
Dans la plaine du Chélif, entre Amoura et Aïn-Defla. . 20
   —   du Tlélat, entre Sainte-Barbe et Valmy. . 12
   —   de Bône, entre Nèdes et Aïn-Mokra. . . 7
       . Total. . . . . 49 kil.

Reste pour les parties en plaine où la voie peut être établie à niveau du sol . . . . 777 kil.

Dans les parties en terrains mouvementés, il y a à distinguer celles où le travail de terrassement consistera en remblais et en déblais, de celles où les terrassements devront être maintenus par des pilotis.

Les parties en terrains mouvementés où les terrassements devront être maintenus par des pilotis, sont :

Du Bou-Roumi au col de H'aouch-el-Maghzen. . . . 32 kil.
Du col de H'aouch-el-Maghzen à Amoura. 5
De l'Oued-Moudjebeur à H'armela. 32
      Total. . . . . . . 69 kil.

Reste pour les parties en terrains mouvementés où le
travail de terrassements ne consistera qu'en remblais
et en déblais. . . . . 292 kil.

Ces distinctions divisent les travaux de terrassements à exécuter en quatre catégories :

A niveler. . . . . 777 kil.
A exhausser. 49
A déblayer et à remblayer. 292
A déblayer, à remblayer et à soutenir par des pilotis . . 69
   Étendue totale du tracé. . . . . . . 1,187 kil.

A laquelle il faut ajouter pour gares d'évitement, gares extérieures, ateliers, dépôts de machines, gares de marchandises, etc. (1), à déblayer et à remblayer . . . . . . 25 kil.

(1) M. Jullien, à l'époque où il était encore ingénieur en chef du chemin de fer d'Orléans, estimait à 1/20 de la longueur du chemin les gares d'évitement, les gares extérieures, les ateliers et dépôts de machines, les gares de marchandises, ce qui donnerait 60 kilomètres pour notre ligne ; mais comme nous ne nous trouvons pas dans les mêmes
conditions de densité qu'en France, nous croyons faire une large part à ces annexes de la
voie en leur donnant une étendue totale de 25 kilomètres.

Soit : 770,000 mètres à niveler × 10, largeur de la voie,
= 7,770,000 par 0 m. 50 c. de terrasse-
ments = ...   3,885,000 m. c.
49,000 mètres à exhausser × 10, largeur de la
voie, = 490,000 par 1 m. de terrassements = ...   490,000
386,000 mètres à remblayer et à déblayer × 10,
largeur de la voie, = 3,860,000 par
3 m. de terrassements = ...   11,580,000

Total, en mètres cubes, des terrassements à exécuter.   15,955,000

En France, le prix des terrassements a été, par mètre cube, sur le chemin de fer de Dijon à Châlons et d'Orléans à Vierzon, de 1 fr. 48 c. ; sur
celui d'Orléans à Tours, de 1 fr. 23 c. ; et sur ceux de Lille et de Valen-
ciennes à la frontière belge, de 1 fr. 41 c.

Mais dans ces prix sont compris ensemble le piochage, le chargement et
le transport des terres, et la journée de terrassiers a été payée en moyenne
de 2 à 3 fr.

En Algérie, la journée du terrassier indigène est payée en moyenne de
1 fr. 25 à 1 fr. 50 c., et la moyenne des terrassements est de 3 mètres
cubes par ouvrier et par jour, ce qui donne 50 centimes pour prix du
mètre cube de terrassement. ·

Et ce sera le prix maximum sur notre chemin de fer, car, en général,
nos terrassements n'exigeront ni chargements, ni transports ; en effet,
dans les parties planes où il y aura à élever le niveau de la voie, on pourra
prendre les terres de remblais dans de larges fossés latéraux, qui, tout en
défendant la voie, assainiront les terres voisines, et dans les parties mou-
vementées ou en coteaux, toutes les terres de déblais pourront être jetées
en contre bas, sans porter préjudice aux terrains inférieurs, car, en général, ces terrains sont incultes et abandonnés à la vaine pâture.

A raison de 50 centimes le mètre cube, la totalité des terrassements
s'élevant à 15,955,000 mètres cubes, coûtera 7,977,500 fr.

Pour parer à toutes les éventualités possibles, nous portons la dépense
des terrassements proprement dits, en chiffre rond, à 10,000,000 fr.,
somme à laquelle nous ajoutons 690,000 fr. pour pilotis de 69,000 mètres
de voie, à raison de 10 fr. par mètre courant. Les bois propres à ce travail se trouvant sur place, le chiffre de 10 fr. par mètre courant ne sera
certainement pas dépassé.

D'après nos données, le coût moyen des terrassements s'élèverait à

8,820 fr. 13 c. par kilomètre, évaluation qui se rapproche beaucoup du prix de revient des terrassements sur quelques-uns des chemins de fer allemands.

Total du chapitre premier : fr. 10,690,000.

§ 2.

TRAVAUX D'ART.

Les travaux d'art à exécuter sur le chemin de fer projeté consistent en ponts, ponceaux, rampes, tunnels, viaduc et galerie.

Ponts.

Les rivières à traverser sur des ponts se divisent, quant à leur largeur, en quatre classes :

1re classe, d'une largeur moyenne de 180 mètres.
2e classe,   —   —   80   —
3e classe,   —   —   50   —
4e classe,   .   —   —   30   —

Parmi ces rivières, appartiennent :

A la première classe ·

La Chiffa : total 1, soit. . . . . 180 mètres.

A la deuxième classe :

Le Sig, l'Habra, la Mina, le Riou, l'Isly, l'Oued-Fodda, la Rouina, l'Oued-Messine, l'Oued-Derdeur, le Chélif, l'Oued-el-Had, l'Oued-Moudjebeur, l'Oued-el-Hammam, l'Oued-Iaggour, l'Oued-Zagraouat, le Roumel, le Bou-Merzoug, le Radjeta, le Saf-Saf : total 19, soit . . . . . . 1,520 —

A la troisième classe :

Le Tlélat, le Krouf, l'Illel, le Djedioua, l'Harbil, l'Atmenia, le Meridj : total 7, soit . . . . 350 —

A la quatrième classe :

L'Ouggaz et El-Meleh : total 2, soit . . . . . . 60 —

Total du métrage des rivières traversées par la voie, et des ponts à construire. . . . . 2,110 —

A ce total il faut ajouter . . . . 160 —

pour deux ponts supplémentaires, l'un sur le Chélif, pour le service d'Affreville et de Miliana, l'autre sur la Seybouse pour le service de Guelma.

Total général . . . . . 2,270 mètres.

Aux États-Unis, les prix du mètre courant des ponts de chemins de fer à deux voies varient, pour les bonnes constructions, de 7 à 800 fr.

En Algérie, les prix moyens de 3,147 mètres de ponts construits tant par le Génie que par les Ponts-et-Chaussées sont de 801 fr. 56 c.

Ces deux données nous autorisent à penser qu'il sera possible d'établir les 2,270 mètres de ponts que réclame le chemin de fer projeté, au prix moyen de 1,000 fr. le mètre, soit à raison de 2,270,000 fr. la totalité des ponts.

Ponceaux.

Des ponceaux pour le passage des eaux pluviales seront nécessaires sur un grand nombre de points qu'il est impossible d'indiquer dans un projet approximatif, mais qui à raison de l'inclivité générale du sol algérien et de l'extrême abondance des pluies, ne devront pas être à une distance moyenne de plus de 2 kilomètres l'un de l'autre, soit 600 ponceaux environ pour toute l'étendue du tracé.

En bonne maçonnerie brute dont les matériaux se trouvent sur place, ces ponceaux, à une largeur et une hauteur moyenne de 3 mètres, ne doivent pas coûter plus de 3,000 fr. chaque, soit pour 600 ponceaux 1,800,000 fr.

Rampes.

Des rampes, en contre-bas de la voie, pour le passage des populations et de leurs troupeaux, devront être établies partout où le chemin de fer traversera des routes, des chemins et des passages à l'usage des populations riveraines. Ces rampes, d'une hauteur et d'une largeur moyenne de 5 mètres, construites comme les ponceaux en maçonnerie de bonne qualité, mais simple, ne devront pas coûter plus de 5,000 fr. chaque; soit pour 300 rampes, à raison d'une rampe par 4 kilomètres, 1,500,000 fr.

Tunnels.

Selon toute probabilité, deux tunnels seront nécessaires : l'un de 500 mètres sous le col du Haouch-el-Maghzen, pour passer de la vallée du Bou-Roumi dans celle de l'Oued-H'arbil ; l'autre de 500 mètres aussi sous le col du Fedjoudje, pour passer de la vallée de l'Oued-Fedjoudje dans celle de l'Oued-Radjeta.

Nous estimons la dépense de ces deux tunnels à une somme ronde de 1,000,000 fr., qui, nous l'espérons bien, ne sera pas dépassée.

Viaduc.

Un viaduc de 500 mètres, à un étage, est réclamé pour le passage de l'Oued-Lekal, sous Aumale, soit à 1,000 fr. le mètre, 500,000 fr.

Galerie.

Une galerie de 2,000 mètres devra être établie dans le rocher au Teniet-Telga pour le passage de la voie en entaille.

Soit 2,000 mètres × 10, largeur de la voie, = 20,000 × 6, hauteur de la galerie, = 120,000 mètres cubes d'extraction × par 6 fr., prix maximum du mètre cube, = 720,000 fr., coût total de la galerie.

Récapitulation des dépenses pour travaux d'art.

Ponts	2,270,000 fr.
Ponceaux . . .	1,800,000
Rampes. . . .	1,500,000
Tunnels. . . .	1,000,000
Viaduc	500,000
Galerie . . .	720,000
Total général .	7,790,000 fr.

Bien que nous soyons convaincus d'avoir estimé chaque article à des prix maximum, nous portons le total du chapitre à 9,000,000 fr. pour faire une part à l'imprévu.

En général, dans les chemins de fer exécutés en Europe, la dépense des travaux d'art, dit M. P. Tourneux, est à peu près les deux cinquièmes de la dépense des travaux d'art et des terrassements réunis. Ainsi, si cette dépense monte à 100,000 fr., 60,000 auront été consacrés aux terrassements et 40,000 aux travaux d'art.

Quoique cette évaluation approximative varie avec la configuration du sol des contrées sur lequel on doit poser la voie de fer ; quoique la dépense des travaux de terrassements soit relativement peu considérable pour le chemin de fer algérien, nous constatons avec plaisir que la dépense de nos travaux d'art reste, à peu près, dans les limites proportionnelles indiquées par M. Tourneux pour les chemins de fer de l'Europe.

§ 3.

ACHAT DES TRAVERSES, RAILS, COUSSINETS, CHEVILLETTES, COINS.

M. Jullien donne ainsi qu'il suit, pour le chemin de fer d'Orléans dont il a dirigé l'exécution, la quantité et le prix de revient de ces matériaux par mètre courant de voie :

Traverses de 0 m. 10 c. (le mètre cube étant à 83 fr., y
compris les frais de dressage), à . . . .   8 fr. 30 c.
   Rails, 60 kilos, à fr. 0,3886 le kilo 23   30
   Coussinets, 20 kilos 66 de fonte, à fr. 0,30555 le kilo . . 6 80
   Chevillettes, 1 kilo 14, à fr. 0,6311 . . . . » 70
   Coins, 2 en bois . . . . » 42
                                         Total . . . 39 fr. 22 c.

Soit : en bois : traverses et coins . . . . 8 fr. 72 c.
     en fer : rails, coussinets, chevillettes . 30   50
                              Total . . 39 fr. 22 c.

Nous acceptons ces chiffres comme quantités de matériaux à employer, quoique le chemin de fer d'Orléans ait été construit avec un excès de solidité qu'il n'est pas nécessaire de donner au chemin de fer algérien; mais nous faisons subir aux prix d'achat de ces matériaux les réductions que les progrès de l'industrie et la situation exceptionnelle de l'Algérie comportent.

En Algérie, où nous trouvons le bois sur place, sans autre coût, par mètre cube, que les frais d'abatage à 20 fr. et les frais de dressage à 5 fr., les traverses et les coins coûteront 2 fr. 50 c.

En Algérie, où nous pouvons avoir les fers et les fontes de l'étranger à des prix réduits du tiers sur ceux du chemin de fer d'Orléans, les rails, coussinets, chevillettes, coûteront 20 fr. 17 c.

soit : par mètre courant de voie . . .   22 fr. 67 c.
   —   de double voie .   45   34
   par kilomètre de double voie . . 45,340 fr.00 c.
et pour les 1,187 kilomètres du tracé direct . . . . 53,818,580 fr.
plns, pour les 25 kilomètres annexes de la voie. . . . 1,133,500

   Total général pour achat de traverses, rails, coussinets, chevillettes, coins . . . . 54,952,080 fr.
En nombre rond, 55,000,000 fr.

§ 4.

CONSTRUCTION DE LA VOIE.

Sous ce titre général nous comprenons :

1º Le prix du *transport* des traverses, coins, rails, coussinets, chevillettes, du lieu de dépôt sur la voie ;

2º Le prix du *ballastage ;*

3º Le prix de la *pose* des traverses, rails, coussinets, chevillettes et coins;

4º Le prix du *relèvement de la voie* pendant les premiers mois.

Transports.

Le poids des traverses, rails, coussinets, chevillettes et coins nécessaires à l'établissement d'un mètre courant de voie, est de 200 kilos.

Sur le chemin de fer d'Orléans, ces matériaux ont eu à parcourir, des ports de la Seine ou de la Loire aux chantiers de dépôts, une moyenne de 40 kilomètres, et le prix de leur transport est revenu, eu égard aux mauvais chemins, à 2 fr.

En Algérie, les matériaux en bois, traverses et coins, qui représentent la moitié du poids, seront pris dans le pays même et sur des points généralement rapprochés du chemin de fer ; il est impossible que leur transport, de la forêt sur la voie, coûte 1 fr. les 100 kilos.

En Algérie, les matériaux en fer, rails, coussinets et chevillettes, arriveront dans les ports d'Oran, d'Alger, de Philippeville et de Bône, d'où ils seront, au fur et à mesure de l'avancement de la voie, transportés par des locomotives, au prix réduit de 2 à 3 centimes la tonne par kilomètre, aux lieux où ils devront être employés. Dans ces conditions, il est également impossible que le transport des rails, coussinets, chevillettes, revienne à 1 fr. les 100 kilos.

Cependant, pour rester dans des limites d'estimation à l'abri de toute illusion, nous maintenons pour cet article le prix du chemin de fer d'Orléans surélevé par le mauvais état des routes, soit 2 fr. de transports de matériaux par mètre courant de voie.

Ballastage.

Le ballastage, ou forme en sable, exige, pour chaque mètre courant de

voie, 2 mètres cubes de sable ou de pierre cassée; le prix de cette opération varie donc suivant le prix du sable ou de la pierre. En France, cette
variation est de 2 fr. à 10 fr.; et, dans les devis, on adopte la moyenne de
5 fr. pour prix du mètre cube de sable ou de pierre cassée, ce qui porte à
10 fr. le prix du ballastage par mètre courant de voie.

Nous ne pouvons accepter cette moyenne pour l'Algérie. Ici, le sable n'a
pas besoin d'être pêché dans le lit de rivières profondes; on en trouve
pendant 9 mois de l'année dans tous les lits desséchés des rivières, on en
trouve sur plusieurs points des dépôts immenses, inépuisables, et il ne
coûte que la peine de le prendre et de le recueillir. De même, la pierre, ou
mieux encore le gros gravier, se rencontrent partout; aussi ne pouvons-
nous admettre que le mètre cube de sable ou de pierre concassée, rendu
sur la voie, souvent par wagon, puisse revenir à plus de 2 fr., soit à raison
de 2 mètres par mètre courant de voie, 4 fr.

Pose des rails, traverses, coussinets, chevillettes, coins.

Le prix assigné à cette opération par M. Jullien est de 1 fr. 65 c. par
mètre courant. Nous l'acceptons sans modification.

Relèvement de la voie.

M. Jullien estime à une dépense moyenne de 15 c. par mètre courant les
travaux qu'exige le relèvement de la voie pendant les premiers mois; nous
acceptons également ce chiffre.

Récapitulation.

Par mètre courant de voie :	Transports	2 fr.	
	Ballastage	4	
	Pose des rails, etc. .	1	65 c.
	Relèvement de la voie	»	15
	Total . .	7	80

Soit : par mètre courant de double voie . . 15 fr. 60 c.
par kilomètre de double voie. . . . 15,600 fr.

et pour les 1,187 kilomètres du tracé direct . . 18,517,200 fr.
plus, pour les 25 kilomètres annexes de la voie. . 390,000

Total général pour la construction de la voie . 18,907,200 fr.

§ 5.

GARES, STATIONS, MAISONS DE GARDES, GUÉRITES, MAGASINS, ATELIERS, MACHINES.

Gares.

Nous plaçons des gares partout où des parties du matériel d'exploitation doivent séjourner pour les besoins du service :

Des gares de premier ordre, aux extrémités de chaque section, à Oran, à Amoura, à Alger, à Constantine et à Bône ;

Des gares secondaires, aux points intermédiaires importants : à Orléans-ville, à l'Oued-Derdeur pour Miliana; au col d'El-Maghzen, pour Médéa; à Blida, à l'Oued-el-Moudjebeur, pour Boghar et El-Aghouat; à El-Betom, pour Bougie; à Aumale, à Guidjel, pour Sétif; à la Seybouse, pour Guelma; à Ksuntina-Kedima, point de jonction de l'embranchement de Philippeville.

Total : 5 gares de 1er ordre à 100,000 fr. chaque . .   500,000 fr.
       11 gares secondaires à 50,000 fr. chaque . .   550,000
                                          Ensemble   . . 1,050,000 fr.

Stations.

Nous établissons des stations partout où il doit y avoir des voyageurs à recueillir, et, suivant leur importance, nous les rangeons en deux classes.

Des stations de première classe seront établies au Tlélat, pour Sidi-bel-Abbès; à Saint-Denis-du-Sig, pour l'Union agricole et Mascara; au point de rencontre de la route de Mostaganem à Mascara, pour ces deux localités; à la Mina, pour Sidi-bel-Acel; à Djendel, pour le marché qui s'y tient; au Plateau des Réguliers, pour Mouzaïa-les-Mines; à Bou-Roumi, pour tous les villages de la partie Ouest de la Métidja; à Bouffarick; à Harmela, pour toutes les tribus sahariennes; à la Medjana, pour les tribus de cette vaste contrée; au Kroub, pour les villages et fermes de la vallée du Bou-Merzoug; à Taïa, pour les mines de cette localité; à Medjez-Ammar, pour l'Orphelinat; à Mokta-el-Hadid, à Bélélita, à Bou-Hamra, pour les mines de ces points; à Jemmapes, à Saint-Charles, pour les villages de la vallée du Saf-Saf.

Des stations de deuxième classe seront échelonnées sur tout le trajet, suivant les besoins des populations tant européennes qu'indigènes.

Total 18 stations de 1re classe à 10,000 fr. chaque 180,000 fr.
     50   —   2e —   6,000   —   300,000

Ensemble. . 480,000 fr.

Maisons de gardes.

Indépendamment des gares au nombre de 16 et des stations au nombre de 68, échelonnées sur la voie à une distance moyenne de 14 kil., il devra être établi sur tous les points intermédiaires environ 40 maisons de gardes de manière à ce que de 10 en 10 kil. au moins, la voie soit surveillée.

Ces 40 maisons, à 3,000 fr. chaque, coûteront 120,000 fr.

Guérites.

150 guérites pour les gardes de la voie, à 140 fr. chaque, 21,000 fr.

Magasins.

Des magasins, tant pour la conservation du matériel de la Compagnie que pour dépôt de marchandises, seront nécessaires sur plusieurs points; nous portons cette dépense en bloc à 500,000 fr.

Ateliers.

Des ateliers de construction et de réparation sont nécessaires à Alger, Amoura, à Oran, à Constantine et à Bône.

A 50,000 fr. chaque, la dépense totale est de. . . . . 250,000 fr.
Des ateliers de prévoyance sont également une annexe indispensable des gares secondaires. Pour onze ateliers à 10,000 fr. chaque, c'est encore. 110,000

Total. . . . 360,000 fr.

Machines.

Des appareils mécaniques nombreux et un outillage varié sont en usage dans les chemins de fer; mais quels que soient leur nombre et leur importance, nous pensons leur faire une large part en leur affectant un chiffre de 1,000,000 fr.

Récapitulation.

Gares. . . . . 1,050,000 fr.
Stations. 480,000
Maisons de gardes. 120,000
Guérites. 21,000
Magasins. 500,000
Ateliers. 360,000
Appareils mécaniques, outillage. 1,000,000
                                 ───────────
Total du chapitre. . . . 3,531,000 fr.

§ 6.

DOCKS.

On comprendra sans peine que nous n'avons pas la prétention d'établir en Algérie des docks à l'instar de ceux d'Angleterre, quand cette institution économique est à peine connue en France.

Ce que nous voulons, ce sont des bassins aboutissant à l'extrémité de nos rails, pour que les navires chargés de marchandises à destination de l'intérieur puissent être déchargés directement dans les wagons, et pour que nos wagons, chargés de produits destinés à l'exportation, puissent verser directement ces produits sur les navires, sans transbordement, sans frais supplémentaires.

Ce que nous voulons encore, comme annexes de ces bassins et de ces rails, ce sont de simples et vastes hangars pour la réception des marchandises et quelques appareils mécaniques pour activer et faciliter la circulation des produits.

Une somme de 2,000,000 pour les docks d'Alger, d'Oran, de Bône et de Philippeville, nous paraît provisoirement suffisante.

Si, par la suite, cette institution prend le développement qui lui semble réservé, il sera facile de trouver les capitaux nécessaires pour donner à ces établissements les améliorations matérielles qu'ils réclameraient.

Pour ce chapitre 2,000,000 fr.

§ 7.

CLÔTURE DE LA VOIE.

Indépendamment des fossés dans les parties planes et des talus dans les terrains mouvementés qui constitueront déjà un commencement de défense de la voie, il est indispensable de la clore complétement sur ses deux côtés, pour prévenir tout accident.

A raison de 1 fr. 50 c. par mètre courant, la dépense totale pour une clôture double sur 1,187 kil. est de 3,561,000 fr.

Avec la main-d'œuvre indigène et les matériaux qu'on trouve sans frais sur place, la dépense de clôture de la voie ne peut dépasser ce chiffre.

§ 8.

ACHAT DU MATÉRIEL ROULANT.

Le matériel roulant des chemins de fer se compose de locomotives et de wagons de différentes espèces.

Pour le service du chemin de fer projeté, il faudra :

30 locomotives. . . . . . . à 50,000 fr. chaque,			**1,500,000 fr.**
100 wagons, dits diligences, pour transport des voyageurs. . .	2,000	—	200,000
300 wagons ordinaires	800	—	240,000
300 id. pour transport des marchandises.	500	—	150,000
100 wagons pour transport des minerais.	300	—	30,000
100 id. — des bestiaux.	300	—	30,000
200 id. — du bois. .	200	—	40,000
100 id. — de la houille.	300	—	30,000
8 wagons postes.	800	—	6,400
15 wagons d'ensablement pour l'entretien de la voie	300	—	4,500
Total général. . . .			2,230,900 fr

§ 9.

TÉLÉGRAPHIE ÉLECTRIQUE.

La dépense d'établissement d'une ligne de télégraphe électrique est de 2,000 fr. par kilomètre, soit pour 1,187 kilomètres 2,374,000 fr.

§ 10.

CONDUITE DES TRAVAUX.

Dans la construction des divers canaux et chemins de fer établis en France, les frais de conduite des travaux n'ont jamais dépassé 1/20ᵉ du capital employé à ces travaux, y compris les études du tracé.

Le capital consacré aux travaux proprement dits ne s'élève qu'à la somme de 51,000,000 en nombre rond, le vingtième de cette somme à affecter aux frais de conduite des travaux, d'après la base de France, serait de 2,550,000 fr.

Pour tenir compte des différences qui existent entre la France et l'Algérie, nous portons les frais de conduite des travaux, en chiffre rond, à 4,000,000 fr.

RÉCAPITULATION GÉNÉRALE PAR PARAGRAPHE.

		fr.
§	1ᵉʳ Terrassements.	10,690,000
§	2. Travaux d'art.	9,000,000
§	3. Achat des traverses, rails, coussinets, chevillettes, coins.	55,000,000
§	4. Construction de la voie.	18,907,200
§	5. Gares, stations, maisons de gardes, guérites, magasins, ateliers et machines.	3,531,000
§	6. Docks.	2,000,000
§	7. Clôture de la voie.	3,561,000
§	8. Achat du matériel roulant.	2,230,900
§	9. Télégraphie électrique.	2,000,000
§	10. Conduite des travaux.	4,000,000
	Total.	110,920,100

Reste, pour atteindre le chiffre de 100,000 par kilomètre, la somme de. 7,779,900

Total. . . . 118,700,000

Laquelle somme de 7,779,900 fr. couvrira, s'il y a lieu, les dépenses qui n'ont pas été prévues dans ce devis approximatif.

CONCLUSIONS.

Désormais, il ne peut plus y avoir de doute sur deux points importants, savoir :

1° Que l'exécution d'un chemin de fer par la ligne centrale du Tell algérien, avec rattaches aux principaux points du littoral, est d'une extrême facilité ;

2° Que les avantages d'une telle création sont immenses , tellement grands même qu'ils entraînent avec eux la solution si longtemps cherchée et si impatiemment désirée de la colonisation active et prospère de l'Algérie.

Et, si quelque incertitude peut planer sur l'avenir du projet que nous présentons à la sanction du Gouvernement, cette incertitude ne peut venir que de la difficulté de réunir les capitaux nécessaires à sa réalisation.

Nous ne nous dissimulons pas que la situation actuelle est peu favorable à la constitution d'une Compagnie financière; cependant nous ne pensons pas qu'il y ait lieu pour nous d'ajourner la présentation de notre demande et pour le Gouvernement d'en retarder l'examen, car cet examen demandera nécessairement un temps assez long ; or, d'ici là, les nuages qui obscurcissent l'horizon politique peuvent être dissipés, et la défaillance actuelle de l'esprit d'entreprise suivie d'une reprise d'affaires d'autant plus active que les capitaux auront été plus longtemps improductifs.

D'ailleurs, il est des questions qui se posent et s'imposent d'elles-mêmes, et qui veulent être résolues, quelles que soient les circonstances au milieu desquelles elles se produisent.

La question de la viabilité algérienne est de cet ordre.

Son acte de naissance est inscrit aux archives algériennes à la date même où nos soldats achevaient définitivement la conquête armée en atteignant les dernières limites naturelles de l'Algérie au Sud, et en imposant notre domination aux dernières populations qui s'y étaient soustraites par leur éloignement.

Au moment où se fermait le livre de nos conquêtes par les armes devait s'ouvrir celui de la conquête pacifique par le plus grand instrument de progrès mis à la disposition de l'homme.

Cette question se présente au Gouvernement, sous forme d'une demande de concession, le jour où lui-même se trouve dans la nécessité de redemander à la colonie une partie de ses défenseurs. Le chemin de fer suppléera, par son action multipliante des forces, à la réduction de l'effectif.

La même logique des faits veut que le musulman indigène de l'Algérie prête ses bras à la grande œuvre de régénération que nous entreprenons, pendant que nos soldats iront défendre leurs frères d'Orient contre les projets destructeurs de la Russie.

Qui sait si l'alliance intime et l'espèce de solidarité qui existent aujourd'hui entre la France et l'Angleterre, n'auront pas pour effet d'engager les capitalistes anglais, moins timides que les nôtres, à prendre une large part à la réalisation de notre projet? L'Algérie est l'une des grandes routes de l'Inde, et notre rail-way un tronçon important du chemin de fer qui doit relier un jour l'Europe aux vastes et riches contrées de l'Asie méridionale.

Ayons donc confiance. Vouloir c'est pouvoir.

Que le Gouvernement nous accorde la garantie d'un minimum d'intérêt à 5 p. 100, et si timides que soient les capitaux, ils viendront à nous.

Que le Gouvernement rende obligatoires pour les Indigènes les prestations en nature aux conditions stipulées dans notre demande, et le capital nécessaire pour mener à bonne fin cette entreprise subit une réduction considérable.

Et comme la plus grande partie de ce capital ne devra être versée qu'au moment où le chemin de fer sera à la veille de produire des revenus, on le trouvera nécessairement.

Nous n'avons pas besoin de 120 millions, une partie de ce capital devant être représentée par les actions industrielles attribuées aux tribus indigènes.

Nous n'avons pas besoin non plus de cette somme immédiatement, les travaux ne devant pas s'exécuter en moins de 7 à 8 années.

Notre demande n'excède donc pas les limites du possible, même en temps de crise commerciale.

Au surplus, le Gouvernement ne peut laisser inachevée l'œuvre qu'il a entreprise en Algérie, parce qu'il plaît à l'empereur Nicolas de faire la guerre.

Au contraire, la situation qui va être faite à l'Algérie par le ralentissement général des affaires coïncidant avec une réduction notable de l'effectif, appelle au plus haut point la sollicitude du Gouvernement, et cette sollicitude ne peut mieux s'exercer qu'en secondant de tous ses efforts la réussite de l'entreprise d'un réseau général de chemins de fer, entreprise qui en entraîne une multitude d'autres avec elle, et lance enfin l'Algérie dans une voie de prospérité qu'elle n'a pas encore connue.

A cette heure du siècle, la race anglo-saxonne, dont l'esprit d'entreprise tient tant de place dans le monde, poursuit les plus grandes œuvres de colonisation avec l'aide des chemins de fer; préoccupée avec raison de l'emploi le plus utile de ses forces, elle se donne partout le rail-way comme auxiliaire et comme levier. Pour elle, le chemin de fer n'est pas seulement un merveilleux instrument de progrès, de travail et de richesse, ce n'est pas seulement l'instrument le plus puissant de production; c'est encore, en dernier résultat, de tous le plus économique.

Déjà, en Californie, au Canada, en Australie, dans l'Inde, au Cap de Bonne-Espérance, des rails-ways sont en voie d'exécution; l'Algérie ne saurait rester en arrière de ces colonies, dont plusieurs sont moins anciennes qu'elle, et sous certains rapports moins importantes.

Pleins de foi dans le succès de notre entreprise, nous avons la conviction qu'elle surmontera tous les obstacles que les circonstances pourront lui opposer, si elle est appuyée par le Gouvernement; et, comme nous ne pouvons douter de cet appui, nous nous mettons résolûment à l'œuvre.

PAUL DELAVIGNE.
OSCAR MAC-CARTHY.
URBAIN RANC.
JOACHIM-ADOLPHE SERPOLET.
AUGUSTE WARNIER.

TABLE DES MATIÈRES

FIN.

Imprimerie de BEAU, à Saint-Germain-en-Laye.

ON PEUT SE PROCURER CETTE BROCHURE :

A ALGER,

Chez MM. DUBOS frères, imprimeurs-libraires-éditeurs, rue Bab-Azoun.

A PARIS,

Aux bureaux des ANNALES DE LA COLONISATION ALGÉRIENNE, 26, rue Jacob ;

Et chez MM. VINCENT et BOURSELET, commissionnaires en librairie, 13, rue Pavée-St-André-des-Arts.

DE L'IMPRIMERIE DE BEAU, A SAINT-GERMAIN-EN-LAYE.

www.ingramcontent.com/pod-product-compliance
Lightning Source LLC
LaVergne TN
LVHW050626090426
835512LV00007B/693